风险

2

探寻数字化转型中
的技术哲学

何宝宏◎著

人 民 邮 电 出 版 社
北 京

图书在版编目（CIP）数据

风向2：探寻数字化转型中的技术哲学 / 何宝宏著
. -- 北京：人民邮电出版社，2022.3
ISBN 978-7-115-58540-0

Ⅰ. ①风… Ⅱ. ①何… Ⅲ. ①技术哲学－研究 Ⅳ.
①N02

中国版本图书馆CIP数据核字(2022)第005126号

内 容 提 要

本书是何宝宏博士对数字化转型中的技术哲学的原创性思考，从全新的视角看待新基建：5G、物联网构筑数字经济的"网络底座"；数据中心构筑数字经济的"算力底座"；区块链构筑数字经济的"信任底座"；人工智能构筑数字经济的"智能底座"。同时解读数据中心、云计算、软件开源、产业区块链、数据资产等时下最新的技术发展现状和趋势。

本书适合投资者、创业者阅读，也可以为 ICT 管理者了解和思考未来的方向以及为广大技术人员的择业提供建议和参考。

- ◆ 著　　　何宝宏
　　责任编辑　赵　娟
　　责任印制　马振武
- ◆ 人民邮电出版社出版发行　　北京市丰台区成寿寺路 11 号
　　邮编　100164　　电子邮件　315@ptpress.com.cn
　　网址　https://www.ptpress.com.cn
　　北京瑞禾彩色印刷有限公司印刷
- ◆ 开本：880×1230　1/32
　　印张：9.5　　　　　　　　2022 年 3 月第 1 版
　　字数：172 千字　　　　　2022 年 3 月北京第 1 次印刷

定价：89.90 元（附小册子）

读者服务热线：(010)81055493　印装质量热线：(010)81055316
反盗版热线：(010)81055315
广告经营许可证：京东市监广登字 20170147 号

前　言

　　突如其来的新冠肺炎疫情，在给全球经济社会发展带来巨大冲击和影响的同时，也加速了整个社会的数字化转型进程。当前，数字经济蓬勃发展，大数据、云计算、人工智能、区块链等新一代信息通信技术加速融入经济社会发展的各个领域，赋能效应日渐凸显。

　　企业和个人应该如何面对和拥抱数字化转型？在新冠肺炎疫情的重压下，我们如何找到经济发展的"确定性"？数字化转型浪潮下，什么将被重塑？真正的机会又在哪里？

　　上述疑问总有一个正在困扰着我们。看似纷繁复杂的市场环境中，隐藏着亘古不变的规律：不确定中，一定有确定性；历史不会重复，但是会"押韵"……全面数字化浪潮下，互联网不再只代表技术和商业，而具备更多的社会属性，互联网成为构建数字经济的"中流砥柱"，也必将承担更多的"普惠"功能。

　　数字化转型需要的不是一种技术，而是一个技术族群，无论是大数据、云计算、人工智能、区块链，还是5G、物联网，都是新一代信息通信技术，都是新基建的代表，都是数字经济的底座。5G、物联网构筑"网络底座"，数据中心构筑"算力底座"，区块链构筑"信任底座"，人工智能构筑"智能底座"……

在本书中，我尝试用一种全新的视角看待新基建，找寻新基建的节奏。同时，我还将对数据中心、云计算、软件开源、产业区块链、数据资产等时下最新的技术发展现状和趋势进行解读，与广大读者一起探讨技术哲学，寻找数字化转型的机会和规律。

目 录

PART
03 第三部分
闲云流水

PART
04 第四部分
软件的演进

PART 05　第五部分

勤学苦"链"

PART 06　第六部分

数据驱动的智能

PART
07 第七部分
拐点已至

后记 /295

第一部分

迷雾中的新型基础设施

新和旧是相对的，任何一个时代都有老基建，也有新基建。

远古时代，大禹堪称新基建（先进水利设施）第一人。

农耕时代，梯田、运河、城防是典型的新基建。

工业时代，电力、工厂、铁路是新基建。

数字时代，5G、数据中心、人工智能成为新基建。

……

新基建，不仅将带来高质量、泛在的基础设施建设，同时还将催生更多的"原生应用"，让更多人享受普惠的服务和数字红利。

1

从人与动物的区别说起

关于人与动物最大的区别，一些科普读物给出的标准是是否会使用工具，但后来的研究发现，一些动物也会使用工具，例如，大猩猩就会用木棒取食白蚁。其他的一些标准有是否有语言、是否有意识、是否有道德甚至是否有社会组织能力，《人类简史》这本书中提出的论点是是否具有想象力。

只要手里拿着锤子，满眼都是钉子。顺着这样的逻辑，任何人还可以发掘出更多的人与动物的区别来。例如，我从一名工程师的角度也可以说：人与动物最大的区别是是否会从事新型基础设施建设！

有些动物天生就会从事一些"建设"工作，老鼠会打洞，小鸟会搭窝，蜜蜂会筑巢，河狸会筑坝等，这些都是它们的"祖传秘籍"，要么是模仿它们的先辈，要么这些能力被刻在它们的基因中，但是千百年过去了，也没见它们的建设能力有多少长进，搞出什么新花样来。老鼠是地球上生存能力最强、分布最广的动物之一，在人类还没诞生前就已经在地球上生活了大约 4700 万年，遍布地球南极以外的所有地区，全球 4000 余种哺乳动物中以老鼠为代表的啮齿类动物就占了 2800 余种，而人类从直立人开始的 17 个人种现在只留下了我们智人一根"独苗"。如果按人类的进化速度，估计鼠族不仅已经在地球的太平洋底建满了海底隧道，并且也很可能在火星的地底建好了基地，预防着人类的入侵。

科技是第一生产力。基于语言、想象力和社会组织能力等，

在工程技术方面的重要突破，是人类超越动物的关键一步。以我们现代人的眼光看，中华文明的杰出先祖，无论是部族首领、神话中的部族首领或者神话人物，几乎都是"新型基础设施"的领导者和建设者。

盘古开天辟地，这是一位从 0 到 1 的原始创新者。女娲娘娘用五彩石补天，这是一位维护苍天大地正常运营的"神仙姐姐"。射日的后羿，负责应对气候变化的难题。燧人氏钻木取火，这是一位利用新能源的成功实践者。伏羲

氏的发明创造就更多了，其中教人织网捕鱼，他算是史上最早的网络工程师了。神农氏尝遍百草，他应该是"百草生产要素"的伟大探索者。轩辕氏造车，几乎算是"造车新势力"了。大禹治水，应该是中华民族历史上大规模从事新型基础设施建设第一人了。我们来看一看中国古代水利发展史。

 知识芯片

我国传统水利按照建设的规模和技术特点，大致可以分为3个时期：大禹治水时期至秦汉，这是防洪治河、运河、各种类型的灌排水工程的建立和兴盛时期；三国至唐宋，这是传统水利高度发展时期；元明清，这是水利建设普及和传统水利的总结时期。

中国有文字记载的历史的第一页是有关大禹治水的传说。公元前22世纪，黄河流域发生了一场空前的大洪水灾害，滔天的洪水淹没了广大平原，包围了丘陵和山岗，人畜死亡，房屋被吞没。这时禹继承其父鲧的治水事业，他一改鲧堙堵治水的方法，疏导分流洪水，将黄河下游入海通道"分播为九"，经过10多年的艰苦努力，终于获得治水的巨大成功。

大禹治水主要采用疏导的方法，那是适应当时人口不多、居民点稀少的社会实际情况。到了春秋战国时代，社会经济发展了，筑堤防洪应运而生。堤防自然是防洪的有效手段。自汉武帝起，黄河下游频繁决溢，筑堤和堵口是当时经常性的治河工作。

中华人民共和国成立初期，毛泽东就做出了从根本上解决淮河问题的英明决策，领导全国人民揭开了中国治水的新篇章。从治理淮河开始，到修整、加固黄河、长江堤防，开挖引黄济卫人民胜利渠，修建荆江大堤和分洪设施，并且先后建成了官厅、佛子岭等 17 座大型水库。20 世纪 90 年代以来，随着人们对水利的认识不断深入，投入不断增加，新技术不断出现，我国水利事业进入了一个崭新的发展时期。

人本动物，但因为新技术的创造，新工具的应用，新要素的发掘，新能源的利用和新型基础设施的建设，让人依靠掌握"外部新势力"，通过"巧实力"攀登到食物链的顶端。如今回过头来，人们开始努力寻找和证明自己与其他动物的区别。

当然，如果换到动物的角度，它们可能会宣称，动物与人的最大区别，是我们动物不会编故事，不会有组织地互相伤害，不用背着书包上学校，不用每天去上班。当然，温饱问题得到绝对满足后我们动物中的大部分就会选择"躺平"，更不会去研究与人类的区别是什么。

动物们可能会认为，自从人类会搞"新基建"后，一切都变了：之前肉食性动物（豺狼虎豹）与人类基本上互为食物，之后这些动物基本成为人类的食物，甚至被圈在动物园供人类观赏。

现代人正在像机器一样工作，现在的 AI 正在像人类一样思考。曾经的人类学家研究人与动物的区别。现在的人类学家需要研究人类与机器的区别，人类与 AI 的区别，当然还有数字时代人类与其他时代人类的区别。

现代社会，能够识文断字是"打工人"生存的基本技能，"不识字"让人寸步难行。数字社会，能够掌握数字技能是"打工人"的基本条件，"数盲"也会让人寸步难行。或许我们的后代会这样认为：人与人最大的区别，是一些人的身份是"数字打工人"而另外一些人的身份是"数字难民"。人类与 AI 最大的区别，是人类身体上和大脑中残留了诸多动物属性而 AI 没有。而人类与 AI 相比，残留的这些动物属性，是还无法用计算机算法实现的缺陷和非理性成分，也正是创新的源泉，因为创新即 Bug，理性即算法。

知识芯片

Bug 一词的原意是"臭虫"或"虫子"。目前在电脑系统或程序中，如果隐藏着的一些未被发现的缺陷或问题，人们也叫它"Bug"，这是怎么回事呢？原来第一代计算机是由许多庞大且昂贵的真空管组成，并利用大量的电力来使真空管发光。可能正是由于计算机运行产生的光和热，引得一只小虫子（Bug）钻进了一支真空管内，导致整个计算机无法工作。研究人员费了半天时间，总算发现原因所在，把这只小虫子从真空管中取出后，计算机又恢复正常。后来，Bug 这个名词就沿用下来，表示电脑系统或程序中隐藏的错误、缺陷或问题。

2
修理地球

　　"物竞天择，适者生存"，严复先生翻译的《天演论》中有这么一句名言，这句话的意思是物种内部、物种之间及物种与环境之间都存在竞争，能适应环境的物种才可以存活下来。这本来是一个自然规律，后来发现这个规律也适用于人类社会，当然现在也适用于技术世界。

　　"环境"和"物种"是相对的概念。"环境"是具有明显优势的一方，而"物种"则是具有明显弱势的一方。弱者需要适应强者才可能存活，强者会有意识或无意识地消灭或驯服弱者。

　　我之所以能够写下这本书，读者之所以能够阅读这本书，是因为我的祖先和读者的祖先都很幸运，他们在与自然环境的抗争中，在与野兽的搏斗中，在与同类的竞争与合作中，能够将各自的基因留存到现在。

　　人类之所以能够在 300 多万年的时间内，快速攀登到食物链的顶端，一个重要原因，就是人类不仅像其他生物一样学会了如何适应自然环境，而且还会主动去改变环境，使环境更好地适应人类的生存！

在工业革命前，人类早期对自然环境的改造，还基本停留在修理地球的层面，例如对大江大河的治理、修建万里长城等。但工业革命后，人类活动的影响已经超过自然变化的影响了，人类已经不是在"修理地球"和"改造地球"了，而是要"创世"了——创造出一个只适宜人类生存的地球，反倒是不怎么关心其他生物和地球的感受了。

2016 年，《科学》杂志的一篇文章提出，"人类世"应该被认作是一个新的地质时间单位。同年 8 月，第 35 届国际地质大会正式通过"人类纪""人类世"和"人类期"的概念，这标志着地球气候系统的演变再也不是纯"自然"的过程，人类活动不断参与气候系统的演变并起到重要作用。

人类在学会适应自然环境后，便开始大搞基础设施建设来"优化"自然环境，还创造出更多的"人工"环境，以更好地服务于人类的生产生活需要。

对人类个体而言，"适者生存"之前主要指适应自然环境，现在则是适应技术带来的"人造"新环境。现在的"物竞天择，适者生存"，人与环境，人与其他物种的竞争主要发生在人类物种的内部，个体彼此之间。

渔猎时代，没有基础设施可言。

农业时代，典型的基础设施包括梯田、运河、大坝和城防等。

工业时代，典型的基础设施包括铁路、电报、电力和工厂等。

数字时代，典型的基础设施包括 5G、数据中心和云计算等。

渔猎时代，三天打鱼，两天晒网，直接从自然界获取食物。

农业时代，日出而作，日落而息，一分耕耘一分收获。

工业时代，每周工作 5 天，每天工作 8 小时，人类成为机器的"零部件"，在工厂或工地劳作。

数字时代，人类驻扎在数据工厂或数字工地劳作。

知识芯片

渔猎时代是工作 3 天休息 2 天，工业时代是工作 5 天休息 2 天，数字时代是很多人工作 6 天休息 1 天。

"修理地球"的农民，是农业时代最先进生产力的代表。工厂的工人，是工业时代最先进生产力的代表。数字时代需要打造的是一个"数字孪生"的世界，发展数字经济和构建数字社会，建设大军的核心力量会是数字工程师和数字"蓝领"，这个时代最先进生产力的代表，当属"码农"。

3

工业的基础设施

工业时代的新型基础设施，以创造新世界为主，典型代表是铁路、电报和电力。

在美国，铁路新基建的高潮是 19 世纪 30 ～ 60 年代。1832—1837 年，美国铺设了超过 1200 英里（约 1931 千米）铁路。1869 年 5 月 10 日，美国铁路大亨利兰·斯坦福重重敲下了一枚金色的钉子——它标志着中央太平洋铁路和联合太平洋铁路的轨道最终交会成功，一条横贯北美大陆，连接起大西洋（美国东海岸）和太平洋（美国西海岸）的铁路终于竣工，从纽约到旧金山的行程从 6 个月缩短为 7 天，让美国成为真正意义上的统一国家。

今天全球标准铁轨的宽度是 4 英尺 8.5 英寸（约 1.435 米），这并不是最优的宽度，只是对矿山铁轨宽度的直接应用。矿山铁轨早在 1830 年世界上首列乘客列车之前就存在了，其宽度是由矿山中不同通风井之间拉动车厢的马车决定的。历史上，一个叫伊桑巴德·金德姆·布鲁内尔的工程师，通过一系列试验和试运行表明，更快速、更稳定和乘客感觉更舒适的轨宽应是 7 英尺 0.25 英寸（约 2.14 米），此轨宽曾在英国大西部铁路中建设和使用过，但这一创新优化最后还是败给了历史先例。

　　总体而言，工业文明的基础设施建设是围绕"能源动力"取代"自然动力"这一变革推进的，具体表现是汽车、火车、轮船的兴起。1807 年，富尔顿造出了以蒸汽机为动力的轮船；1825 年，史蒂芬森发明的蒸汽机车试车成功；1885 年，德国人卡尔·本茨制造了内燃机动力汽车。

　　无论是蒸汽机普及的第一次工业革命，还是以电气化技术为代表的第二次工业革命，其本质都是以能源动力取代自然动力，加快了人类社会的城市化进程。之后，世界范围内逐渐出现了大型港口、铁路和公路枢纽，并以此为基础形成了诸多大型城市，例如伦敦、纽约、亚特兰大、横滨、鹿特丹、上海等。火车（包括升级版的动车、高铁列车）、轮船、汽车直至今日仍发挥着重要的作用。

知识芯片

　　美国是世界上高速公路发展最早、路网最发达的国家之一，其高速公路在发展历史、布局规模以及长度上堪称全世界第一。从 1811 年起，美国联邦政府就担负起公路建设的责任，修建了一条名为肯伯兰的国家公路。宾夕法尼亚高速公路的修建，是美国现代史上第一次大规模修路。1929 年，蓬勃发展的美国经济突然遭受大萧条的打击。按照当时的美元计算，1929 年美国 GDP 为 1045 亿美元，到 1933 年 GDP 下降到 572 亿美元，4 年里减少了 473 亿美元，降幅达 45%，平均每年下降约为 16%。工厂倒闭、工人失业、贸易停止，资本主义世界陷入一片恐慌。富兰克林·罗斯福就任总统后便开始实施新政。其基本内容是将美元贬值 41%，以刺激出口；开建 20 万个工程、兴建基础设施；修建 1 万个机场，大兴航空业；修建宾夕法尼亚高速公路，联通东部与五大湖地区经济中心；修建田纳西河流工程，实施精细化灌溉。上述工程直接增加就业 400 万人，且提高了劳工最低工资，一大批农民脱贫致富，刺激了消费。近 600 千米的宾夕法尼亚高速公路的开建是美国历史上最为壮观的工程之一。该条高速公路横穿阿巴拉契亚山脉，连接五大湖航运区，直接打通了芝加哥、底特律地区与纽约工业区中心的交通障碍，为美国港口与工业产地的连接铺平了道路。五大湖与东部纽约地区经济中心的贯通，对两个地区乃至全国经济发展起到重要的推动作用，对遏制大萧条蔓延意义重大。罗斯福政府投资 5 亿美元，开始在崇山峻岭中修路。宾夕法尼亚高速公路从 1933 年开始设计，1937 年动工，于 1940 年 10 月 1 日通车。罗斯福的修桥修路政策，维持了美国经济每年近 20% 的增长。

同时，美元的贬值有力地促进了出口。当时的苏联大规模从美国进口粮食，引进汽车厂、钢铁厂、拖拉机厂、机床厂、飞机制造厂等，贸易额达百亿美元，可以说其 80% 的工业体系就是通过这条高速公路输送的。宾夕法尼亚高速公路为拯救西方资本主义大萧条做出了重要贡献。第一次修路的热潮因为第二次世界大战而停止。“二战”结束后，美国经济又遇到了失业潮。1953 年，艾森豪威尔就任美国总统后，又开始了史无前例的高速公路建设。这次修路奠定了美国网络化的高速公路体系。州际高速公路连接国道、州路和乡村公路，形成了高速公路网络。以美国东部城市为例，纽约、华盛顿、亚特兰大等城市无一不被高速公路连接起来：I-95 号公路连接了纽约和华盛顿；I-85 号公路又将夏洛特、亚特兰大连接到了一起；I-95 号和 I-85 号将整个美国东部地区连接到了一起。城市和城市之间的联系，打破了地理位置上的隔绝，使之形成了一个共同市场。I-95 号和 I-85 号连接东部 13 个州，经济规模 4.6 万亿美元。在连接城市的同时，港口、机场、大型商场、火车站、工厂等也被州际公路连接了起来，体现了高度的机动性、无障碍性和可观的经济性。高速公路为城市、为市场提供了一条安全性高、成本低的价值链通道。截至 1995 年，州际高速公路长度达 9 万千米，一般州内公路长度达 641 万千米。

2020 年，中国高速公路里程达 16 万千米，国道公路有 590 万千米，形成了电子化的高速公路系统。至此，虽然中国高速公路的修建比美国晚了 50 年，但中国公路在里程、电子化程度和公路路况质量等方面实现了领先。

中华人民共和国第一条高速公路始建于 1984 年，1990 年 9 月 1 日，全长 375 千米的沈大高速公路全线剪彩通车，号称神州第一路。

在美国开启公路、铁路建设热潮的同时，电报新基建的高潮也发生在这个时代。1837 年，英国人库克和惠斯通设计制造了人类历史上第一个有线电报，运用于铁路通信。1844 年，美国人摩尔斯用改进后的电报机，在华盛顿国会大厦最高法院会议厅里，用颤抖的双手，发送了世界上第一封长途电报。1866 年，跨越大西洋海底电缆铺设成功。虽然电报现在已经被互联网、智能手机和社交网络等新型通信技术取代，但电报是人类历史上第一个把全球紧密连接在一起的基础设施，曾被誉为"地球的神经系统"。

整个电力产业发端于法拉第简简单单的实验室玩具。法拉第通过简单实验于 1821 年和 1831 年，先后发明了原始的电动机和发电机，开启了整个电力工业。紧接着摩尔斯为电创造了通信的用途，爱迪生为电创造了照明的用途，从此电信和电力行业分道扬镳。特斯拉和威斯汀豪斯发明的交流电，解决了电力的远距离传输问题。在这些成就的基础上，真正让电力大规模产业化的是塞缪尔·英萨尔，他通过发展多元化的用户群和两部制电价体系等，把为有钱人服务的、实验性质的电力行业，变成了人人都用得上、用得起的公共基础设施和服务。

知识芯片

值得一提的是，电首次进入中国，可追溯到清朝。1882 年 4 月，一个英国人在上海创立了一家电气公司。由此，中国才第一次有了电。1888 年，李鸿章花了足足 6000 两白银，将发电设备和电灯，作为贡品献给慈禧太后。安装在慈禧寝宫仪銮殿的电灯，成为北京城亮起的第一盏电灯。

1949 年以后，我国电力工业建设全力开启，尤其是改革开放之后，我国连续超越了法国、英国、加拿大、德国、俄罗斯、日本，从 1996 年起就稳居世界第二。2011 年，我国的发电量就已经超过美国，成为世界第一。

到了 20 世纪初，在美国，以铁路、电报、电话、石油管线和电力等为代表的新型基础设施建设，或基本完成或如火如荼地进行中。有了这些新型基础设施，接下来就轮到建设和运行在这些基础设施上的应用繁荣发展了，例如贸易、长途旅行、金融、电器、郊区化和汽车等。

1993 年美国政府正式提出建设"信息高速公路"计划，把计算机、网络、通信有机地结合起来，又把电话、电视、计算机融为一体。业界普遍认为，微软视窗（Microsoft Windows，1995 年）和互联网的出现标志着美国以实体高速公路拉动经济的时代结束，进入了以信息高速公路为核心的经济发展时代。这个为全社会提供信息服务的跨世纪工程，被提到基本国策和全球战略的高度上来对待。

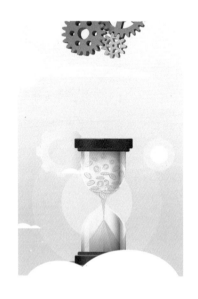

今天，对美国经济起主导作用的是高技术信息产业，微软、英特尔等已取代了通用汽车、福特和克莱斯勒三大汽车公司当年的地位。信息技术和信息产业动摇了传统商业交易的基础，改变了人们的消费方式，信息技术特别是互联网技术更是提高了美国企业的科技含量和科技水平，提高了企业的经济效益和生产力。

铁路、电报和电力等，曾经的高科技，曾经的新兴产业，在历史的长河中逐渐老去，成为我们现代人眼中的老基建。

从历史的角度看，今天的 5G、数据中心和云计算等新技术新基建，都只是电力基础设施上的一个个"增值应用"而已；各种电器、计算机和电动汽车等，也都只是电力基础设施上的一个个"终端"而已。

4
数字的基础设施

新基建包括 3 个方面的内容。

一是信息基础设施。主要指基于新一代信息技术演化生成的基础设施，又被进一步细分成 3 类：以 5G、物联网、工业互联网、卫星互联网为代表的通信网络基础设施；以人工智能、云计算、区块链等为代表的新技术基础设施；以数据中心、智能计算中心为代表的算力基础设施等。

二是融合基础设施。主要指互联网、大数据、人工智能等技术与传统基础设施的深度融合，即"互联网 + 传统基础设施"，例如智能交通基础设施、智慧能源基础设施等。

三是创新基础设施。主要指支撑科学研究、技术开发、产品研制的具有公益属性的基础设施，例如重大科技基础设施、科教基础设施、产业技术创新基础设施等。

信息基础设施基于当下相对成熟的新技术，重点是建设；

融合基础设施侧重新技术在传统行业的数字化应用，重点是行业数字化转型升级；创新基础设施的关键是支撑，重点是公益。

上面回答了新基建"是什么"的问题,下面解释新基建"从哪里来"的问题。新基建是相对于传统基建的"新",是相对于新技术、新产业的"基建"。

第一个维度,新基建与传统基建的横向比较。"基建"不变,但却是"新"的,是相对于"铁公机"等传统基建的,强调的是不同基建领域的新与旧。业界从这个维度阐述得已经很深入了,本书不再赘述。

第二个维度,从新技术新产业进化到新基建。"新"没有变,但已经是"基建"了,是相对于从新技术发展到新产品,新产品发展到新服务,新服务发展到新型基础设施的,强调的是一个领域从幼年期走向成熟的历史发展轨迹。

能够纳入新基建的技术或领域,从第一个维度看就是不能太老了,否则就是传统基建了。从第二个维度看也不能太新了,不能是还处于理论、实验室原型或应用探索阶段的技术,而是要已经明显具备市场化条件和产业化能力。

按照这个标准,没有被纳入新基建的技术,例如量子技术是因为距产业化尚有时日,虚拟现实(Virtual Reality,VR)/增强现实(Augmented Reality,AR)目前还是应用型而不是基础性的技术等。而大数据没有被纳入新基建,是因为建设新型基础设施的核心目的就是服务于数据生产要素:5G 是传递数据的,数据中心为数据提供计算和存储资源,云计算是管理调度这些资源的，区块链负责高价值数据的可信存证和流通，智能算力中心为数据提供训练资源等。

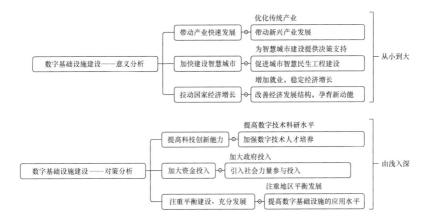

能够被纳入新基建的新技术，都是已经或正在产业化的，但也有差异。所有基础设施都具有基础性、公共服务性和外部性等，而所有服务又是建立在产品和工具的基础上的。

因此所有的基础设施性的产业都会被进一步细分为服务业和制造业。例如电信服务商和电信设备制造商，航空公司和飞机制造公司，电网公司和电力设备商等。

而从产业发展成熟的轨迹看，产业化一般都包括技术产品化和产品服务化两个阶段，即先制造新产品，再提供新服务。5G、数据中心、AI、区块链和工业互联网等的成熟度大致如下。

从新基建的成熟度看，5G已经是基础设施了，因此其使命不仅要更好地服务现有用户，而且还要惠及更多新用户和新产业，例如"弱势"群体。而云计算和数据中心还不是基础设施，因此它们的使命是首先要实现从新服务到新基建的转型升级。

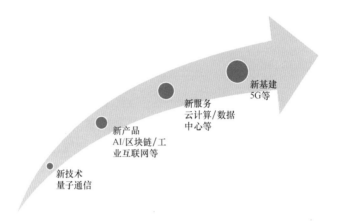

当前，整个社会正在加快数字化转型步伐，数字基础设施（"数字基建"）是新基建的重要组成部分，成为支撑数字经济蓬勃发展的重要数字底座。换一句话说，"数字基建"顺应网络化、数字化、智能化的社会发展趋势，将给人们的生产和生活带来全新的方式，我们的生活、经济发展、社会治理、文化生态都将迈入一个新的阶段，或者说一个新的时代。

5
从新服务到新基建

从新技术到新产品，是一个从学术界到产业界的过程。

从新产品到新服务，是一个从第二产业到第三产业主导商业模式的过程。

从新服务到新基建，是一个新产业的社会化过程。

新基建都具有服务属性，但新服务不一定能够满足新基建的社会化要求。例如，新服务可以在商言商，但新基建还要同时保证社会性的公共诉求。

让数字社会的下层基础设施与上层数字应用去耦合，把数字基础资源和支撑性工作抽出来，形成一个重资产的基础设施产业，形成一个基础设施"原生"的轻量级的应用产业。二者可以相对独立发展，相互之间形成开放的标准接口，同时要引入约束双方的监管政策等。

新基建的属性

属于技术密集型和资金密集型的新基建，进一步公共服务化和泛在化，让新技术提供给老用户的服务变得更好，让新技术惠及更多的新用户和新产业。同时，在技术和政策上都要努力保持基础设施的稳定性、安全性、中立性、开放性和互联互通，让基础设施平民化以缩小"数字鸿沟"。发展一批新型基础设施服务商，让"运营商"不仅指电信运营商，而且将来还包括云运营商、算力运营商、AI 运营商、区块链运营商等。

知识芯片

以信息通信网络为例。与电力从最早是少数人拥有的"特权"，逐渐成为人人拥有的普惠基础设施一样，经过数十年的发展，信息通信网络也正在从少部分人可以使用的"高科技"成为人人可以拥有的设施和服务。

在四川凉山昭觉县，有一个支尔莫乡阿土勒尔村，也就是大家俗称的"悬崖村"，村里与外界的联系仅靠一条沿悬崖陡壁垂直而下 800 多米长的山路。

就是这样一个在交通上无法与外部的繁华世界实现"接入"的村落，现在已经全面接入了光纤网络和 5G 网络。2017 年，我国的电信运营企业克服重重困难，在"悬崖村"开通了光纤宽带和 4G 基站，村民的生活一步跨入丰富多彩的网络世界，用上了智能手机，看

上了 IPTV 电视，孩子们享受到远程教育，村民们体验上远程医疗。

工业和信息化部最新发布的数据显示：目前，我国已经建成了全球规模最大的信息通信网络。光纤宽带用户占比从 2015 年年底的 56% 提升至现在的 94%，千兆光网覆盖家庭超过了 1.2 亿户，4G 基站规模占到全球总量的一半以上。我国行政村通光纤网络和 4G 网络的比例均超过了 99%，已通光纤试点村平均下载速率超过 100Mbit/s，基本实现农村城市"同网同速"，城乡"数字鸿沟"显著缩小。

基于普惠的网络，我国农村的普惠公共服务也加速落地。例如，目前我国 832 个贫困县县医院实现了远程医疗网络"全覆盖"，宽带网络在中小学（含教学点）的覆盖率已接近 100%。

因此，我们不能仅仅只是将云和数据中心单纯看作商业服务。事实上，现在一些互联网公司也在做普惠服务。今天，我们在看待云、数据中心、AI 等技术时，更多将其定义为新的产品、新的商业模式。实际上，我们也需要反思技术如何普惠，如何反哺社会。

信息通信技术发展的早期代表新的概念、新的机会、新的商业模式，因而抢先抓住新机遇的人（公司）会"先富起来"，在一定程度上拉大"贫富差距"（技术、资金、资源等方面），并催生"数字鸿沟"。然而，随着技术进一步成熟，应用更加普及，这些"先富起来的人（公司）"又会致力于推进普惠服务，缩小"数字鸿沟"。可以说，催生"数字鸿沟"后又努力消弭"数字鸿沟"，是所有技术发展的必经之路。

这并不是这个时代的"特权"，"老基建"时代亦是如此。例如，铁路一开始是富人的专属品，后经历过铁路工人大罢工，再后来要让利于民，再到加强监管和反垄断，都是到了一定阶段需要承担社会属性和基础设施属性的结果。

知识芯片

美国反垄断立法的起源要追溯到 19 世纪末。当时，工业革命让美国经济结构发生巨变，生产迅速集中，在煤炭等行业出现的垄断泛滥严重损害了美国的市场秩序和民众利益。1890 年，美国国会颁布美国历史上第一部反垄断法《谢尔曼法》，禁止垄断协议和独占行为。1914 年颁布的《联邦贸易委员会法》及《克莱顿法》是对《谢尔曼法》的补充和完善。《克莱顿法》限制集中、合并等行为，并明确了价格歧视、独家交易、会严重削弱竞争的并购活动等不允许的做法。《谢尔曼法》和《克莱顿法》是纯粹的反垄断法，《联邦贸易委员会法》则涵盖了两个法律的内容，同时还包括消费者权益保护和禁止不正当竞争行为等内容。根据这些法律，一旦企业被裁定有垄断嫌疑，将可能面临罚款、监禁、赔偿、民事制裁、强制解散、分离等多种惩罚。这些法律主要由联邦政府的司法部和联邦贸易委员会加以具体运用。

100 多年来，美国出现了不少反垄断裁决的重大经典案例，其中不少公司都是全球行业翘楚，因此判例对世界经济格局产生了深远影响。例如，洛克菲勒家族的"石油帝国"因垄断市场在 1911 年被肢解为 30 多家独立的石油公司；曾垄断美国电话市场的美国电报电话公司在 1984 年被分离成一家继承母公司名称的电报电话公司（专营长途电话业务）和 7 个地区性电话公司。

20 世纪 90 年代后，随着国际上技术创新竞争日趋激烈，美国政府反垄断的目标不再是简单防止市场独占、操纵价格等，而是着眼于如何阻止专利保护以外的技术垄断，以保障美国继续占领科技创新的前沿。例如，微软公司因被指控通过视窗操作系统"捆绑"销售其他软件从而构成了市场垄断而遭到美国司法部起诉。最终，微软没有被要求解体，而是向竞争对手付出了 7.5 亿美元的巨额赔偿。又例如，2012 年，美国司法部起诉苹果公司与美国 5 家出版社合谋抬高电子书价格，以削弱亚马逊公司在电子书市场的地位。

数字经济时代全面来临，这意味着，科技巨头必须反哺社会，尤其是新基建加速落地，"数字鸿沟"可能会引发更大的差距，如何缩小这些差距是我们需要反思和探索的。

个人如何选择方向

有读者问我，新基建时代来临，我们如何把握？

首先，要紧握新基建发展的红利，顺应潮流。投身新基建的大趋势是没有问题的，但是不能沿用老基建的思路，要顺应监管，注重合规。

新基建下，建设变得重要了，但是某种程度上也意味着创新的重要性在降低。新基建更多考虑的是如何利用规模效应，让更多人享受新型基础设施的红利，享受普惠的价格和优质服务。我在读《电力史》时发现，在爱迪生和特斯拉所处的时代，大规模普及电力就是要降低成本，让每个人都有机会使用。这是经济学的规模效应。而一旦产生规模效应，就会带来垄断问题。

反过来看，新基建的提出，也标志着数字技术正在"固化"成一个传统行业，至少在基础设施层面不再日益潇洒地自由创新，而是受到上层应用的限制，受到监管的约束。对基础设施而言，不是我不想变，而是世界让我别变。

"新原生"应用

把基础设施的建设运营从每个应用中卸载出去，让应用轻量化，只租用新型基础设施，把注意力转移到自身业务创新和效率上。在建设初期，新基建上"跑"的都是老应用的"移民"，随着新基建不断成熟，越来越多的原生于新型基础设施的"土著应用"将涌现。这就好似云原生的发展历程。目前，云原生已经催生等容器（与基础设施去耦合）、微服务（内部去耦合）和 DevOps[1]（优化生产流程）。

1 DevOps（Development 和 Operations 的组合）是一组过程、方法与系统的统称，用于促进开发（应用程序/软件工程）、技术运营和质量保障（QA）部门之间的沟通、协作与整合。它的出现是由于软件行业日益清晰地认识到，为了按时交付软件产品和服务，开发和运营工作必须紧密合作。

6

新基建的节奏

　　数字技术的基础性技术主要由通信、计算和存储三大部分组成。但因为计算和存储经常是紧耦合的，并且存储相对于计算明显处于弱势的一方，因此为简单起见，讨论计算时经常也同时包含了存储。

　　通信和计算是数字技术产业的两大支柱，是其他技术应用的基石。通信的核心是在提供信息的"搬家"服务时，进入和离开通信系统的信息必须保持原样。计算的核心是在提供信息的处理时，进入和离开计算系统的信息会被改变以产生新价值。

　　基础设施具有很强的网络属性，因此新基建的发展节奏呈现出明显的"先通信后计算"的特性，现在则是基于通信和计算的 AI 和区块链等的历程。而通信基础设施也是走过了一条从专用通信到通用通信，再到高质量发展之路。

通信服务

　　从电报网络、电话网络到广播电视网络，通信网络一直就是基础设施，但都是专用的。例如，电报网络负责传递文字，电话网络负责传递话音，计算机网络负责传递计算机数据，如果用于承载其他通信业务，往往无法实现或勉强实现也很不划算。因此，20 多年前，就有了电话、广播电视和互联网"三网融合"的说法。

自 20 世纪 90 年代中期以来，以 TCP/IP 技术为代表的互联网，致力于把通信基础设施通用化，让 IP 网络能够同时承载文字、图片、话音、视频和数据等。

到了 20 多年后的今天，"三网融合"早已超目标实现，互联网不仅已经是电话、广播和计算机网络的融合载体了，也已经是金融、交通、物流、医疗和工业等的基础性网络了。但与很多人当初设想不同的是，"三网"是融合到当年最弱小的互联网中，当然互联网技术本身也吸收了不少其他网络的做法。

计算服务

把通信网络作为基础设施，已经有上百年的历史，但把计算基础设施化，最多是近十年的事情。自计算机诞生起，计算的主要售卖方式就是产品，例如售卖的是不同型号的计算机，或者不同版本的软件产品。

但从 2006 年开始，云计算的出现开始改变了这一切。云计算把计算机产业，从第二产业变成了第三产业，从以售卖产品为主转变成以售卖服务为主。当年云计算的典型宣传口号是"像水电一样提供计算服务"，水电就是基础设施，而在新基建大热的今天，想必读者会对这一口号的远见另有感悟。

只是，云计算比互联网（TCP/IP）晚了 10 年左右。为什么计算的基础设施化会远远晚于通信的基础设施化？

因为所有的基础设施，其基础性、公共性和外部性等，都需要网络支撑。把通信基础设施化和通用化，不需要多么强大的计算的支持。但把计算服务化和基础设施化，本质上是一个通过网络来访问计算资源的过程，提供强大的计算服务需要强大通信能力做支撑。

例如，支撑云计算的网络，不仅通信技术必须是通用的（即IP 技术），并且还要高速率、大带宽、低时延、广覆盖和安全可靠。没有优质的网络做保障，远水也解不了近渴，远处的计算资源处理不了近处的计算任务。

跃升

现在，有了 20 余年以 TCP/IP 为代表的通用通信基础设施已经成熟，有了 10 余年以云计算为代表的计算服务和基础设施相对发展成熟，新基建又开始扩军了，纳入了 AI、区块链和工业互联网等。

之所以现在才扩军，是因为这些新技术的基础设施化，需要以通信的（通用）基础设施化和算力的基础设施化为前提。

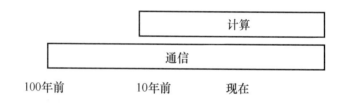

第二部分

数据中心新底座

数据中心是构建数字社会的重要底座，正在变成像水电一样必不可少的算力基础设施。

我国高度重视数据中心发展。2020 年 3 月，数据中心正式纳入"新基建"范畴。2021 年发布的"十四五"规划纲要明确提出，要"加快构建全国一体化大数据中心体系，强化算力统筹智能调度，建设若干国家枢纽节点和大数据中心集群"。

近几年，我国数据中心市场规模增速一直高于全球平均水平，尤其是随着大数据、云计算、5G 等新一代信息通信技术蓬勃发展，以及金融科技、智慧医疗、智慧交通等融合应用的落地，整个社会的数据量激增，数据中心向着更高性能的方向演进，逐渐成为技术创新的制高点。

1

数据中心的演进

20 年多来，数据中心走过了一条技术上从"拿来主义"到"创新引领"，产业上从计算机和互联网的"附庸"到成为数字社会新底座的道路。

计算机的房子

在 1946 年世界上第一台计算机诞生后的第一个 10 年里，计算机还不是真正意义上的"机器"，因为从外观上看计算机就是一幢庞大的建筑，房子还是计算机的有机组成部分，人必须在"计算机"里工作。

 **知识芯片**

以世界上第一台通用计算机 ENIAC 为例，与今天我们看到的计算机不同的是，ENIAC 是一个庞然大物，其位于宾夕法尼亚大学，长30.48 米，宽 6 米，高 2.4 米，占地面积约为 170 平方米，有 30 个操作台，重达 30 吨，耗电量达 150 千瓦时，造价 48 万美元。它包

含了 17468 根真空管（电子管）、7200 根晶体二极管、1500 个中转、70000 个电阻器、10000 个电容器、1500 个继电器、6000 多个开关，平均每 15 分钟就会烧坏一支电子管，因为它的庞大，工程师们也需要进入其内部工作。

20 世纪 60 年代后，随着技术的进步尤其是 IBM 大型机[1]等的诞生，计算机逐步小型化和集成化，房子与计算机日益去耦合，"机房"的主要用途也发生了重大变化，从早期的有机组成部分转变为提供支撑性的环境服务，成为放置和运行维护昂贵而脆弱的大型机和小型机的空间，人从房子里走出来了。

1 大型机（Mainframe）最初指装在非常大的带框的铁盒子里的大型计算机系统，已经与房子去耦合了。

知识芯片

事实上，仔细研究一下各类机器的演进历程，我们发现不仅是计算机，蒸汽机、发动机在最早的阶段，也是庞大而复杂的。例如，诞生于 1705 年的纽科门蒸汽机，体型大、功率低、燃料消耗大，只适用于煤矿等环境。后来，人们开始尝试将蒸汽机应用于轮船（当时最庞大的交通工具），再后来，瓦特改良了蒸汽机，使其热效率成倍提高，煤耗大大下降，蒸汽机的应用范围实现了极大的扩展，才出现了蒸汽机火车、蒸汽机汽车等。

显然，在那个还没有家用计算机和互联网的"远古"时代，

如果你要使用计算机的资源做科学计算、处理财务数据、玩游戏或编程序等，只能先通过打电话或亲自到机房预约"机时"（即计算机的可使用时间段）。然后，等到了规定时间段自己来到机房，才可享受宝贵的使用时间。

机房时代的计算与数据中心的云计算的对比见表 2-1。

表 2-1　机房时代的计算与数据中心的云计算的对比

机房时代的计算	数据中心的云计算
多租户	多租户
用户必须进机房	禁止用户进数据中心
用户带着计算任务进机房	只能用户的计算任务进机房
传递任务主要依靠交通网	传递任务主要依靠互联网
人工"时分复用"资源	算法"按需分配"资源
机房管理员的权限很大	运维人员经常要"背锅"

这时的机房就是一个存放计算机供大家使用的专用仓库，技术上主要采用的是"拿来主义"。例如，从计算机、通信、电力和制冷等行业直接拿过来使用，有什么用什么，只是再做些简单的设计和配置，一般不会针对机房做专门的技术优化，更谈不上重大的技术创新了。

到了 20 世纪 90 年代后期，计算机的兴起使机房开始衰落。计算机让人们在家里或办公室就可以使用。但几乎与此同时，互联网和局域网的兴起，客户 / 服务器（Client/Server）应用模型开始繁荣，机房又有了新的用途，成为互联网和企业服务器的部署中心。从此，机房开始与网络结缘，同时也多了一个新名字——数据中心。

于是，数据中心就成了服务器、网络、存储等计算机和通信设备不间断管理和运营的基础设施。其中，连接互联网的提供公共服务的叫互联网数据中心（Internet Data Center，IDC），自用的连接企业局域网的叫企业数据中心（Enterprise Data Center，EDC）。并且随着时间的推移，就像企业网逐渐被淹没在互联网中，EDC 也被淹没在 IDC 中了。

互联网的数据中心

互联网业务和流量的变化，直接影响着数据中心的定位。20 多年来，互联网的业务模式越来越客户 / 服务器化，业务提供和流量分布越来越集中在少数一些互联网巨头手中，集中在这些巨头所运营的数据中心和服务器上。

1993 年前 FTP 和 Email 占主导流量，Web 技术尚未诞生。但到了 1998 年，Web 流量就占据了互联网流量的 60%。而到了 2004 年，对等网络（Peer to Peer，P2P）流量占比超过互联网总流量的 50%，Web 流量萎缩，FTP 几乎消失，但 Email 流量占比一直比较稳定。

到了 2007 年，Ellacoya 公司的监测数据显示，Web 流量重新回到榜首，占据了互联网流量的 45%，P2P 流量下降到 40% 左右，3 年后则进一步下降到 18%（根据 Arbor 网络公司的数据）。而到了 2021 年，超过 80% 的流量来自于视频，Web、Email 和其他流量的占比已经低于 20% 了。

20 多年前互联网上的流量主要分布在全球成千上万家企业托管的 Web 网站和服务器上。但到了现在，流量越来越集中到大型机房、云计算服务商和内容提供商等科技巨头手里。2009 年 Arbor 网络公司的报告称，2007 年 1.5 万个网络占到全球互联网流量的 50%，而到了 2009 年，100 个网络就占到总流量的 60%，其中谷歌独占 6%。虽然我尚未发现最近 10 余年的相关数据，但全球互联网进一步寡头化，流量进一步聚集到少数科技巨头是不争的事实。

流量模式的高度客户 / 服务器化，流量汇聚到科技巨头，这些直接导致互联网上的服务器，从通信服务的配角变成了内容和计算服务的主角，从后台走到前端，与用户直接面对面。

与之对应的，驻留服务器的环境（即机房）和管理 IT 资源的系统（即云计算）也就越来越重要了，一起站到了历史舞台的中央。机房中 IT 部分的重要性明显上升，因此叫法也从机房改为数据中心了。

机房的说法，强调的是风火水电和建筑等基础性功能，重点是底层的物理基础设施。数据中心的说法，强调的是服务器、网络和安防等，重点是上层的 IT 基础设施。

数据中心成为几乎所有业务和流量的集散地，成为计算和存储资源的中心，成为复杂性和控制权的聚集地。数据中心不仅是资源密集型和资本密集型产业，而且越来越成为技术密集型的产业了。数据中心的市场体量、业务流量的重要性和未来预期的成长性，引发了一场技术革命，使之成为新型基础设施的底座。

新基建的数据中心

与互联网数据中心相比，新基建时代的数据中心具有一些显著的新特点。

第一，从定位看，互联网的数据中心是商业的，新基建的数据中心是社会的。互联网的数据中心主要服务于消费互联网产业，商业属性明显，社会属性较弱。新基建的数据中心还要服务于产业互联网，成为整个数字社会的底座，社会属性明显增加。数据中心的社会属性，可能包括建设和运行的绿色化，服务的可持续性，用户覆盖的普惠性，以及服务的标准化、透明性、可追溯性和可审计性等。

第二，从技术看，新基建的数据中心主要面向工业制造、医疗器械、智能交通、智能城市、网联汽车、AI 和边缘计算等，不仅在技术方面要持续优化，还要综合考虑布局、选址、设计、能源、制冷、可靠性、安全性、应急响应和运维能力等。

第三，从公众性看，面向公众服务的数据中心市场占比将显著提升。新基建数据中心具有很强的（准）公共属性，虽然企业私有的和定制化的数据中心依然会占很大比例，但新基建的数据中心日益成为技术密集型、资金密集型和能耗密集型的产业，用户自建难度越来越大。专业的人做专业的事情，面向公众的、独立第三方数据中心，其市场占比会缓慢而稳定地逐步提升，直到成为主流方式。

中国某银联数据中心

上海中国人寿数据中心

米兰数据中心

互联网主张开放，软件主张开放，基础设施更要主张开放，一个开放的数据中心新生态正在快速形成。

2
数据中心的开放潮

过去 10 余年来，数据中心的技术发展呈现出标准化、工程化、预制化、模块化、高密度、软件定义、智能化和绿色节能等特点。但重要的还是开放性，开放是数据中心能够成为新型基础设施，能够标准化分工协作，能够相互学习、降本增效，让整个产业发展壮大的基石。数据中心的开放性包括市场和技术等维度，在技术方面的开放性主要体现在风火水电、服务器、网络存储、运维管理等方面，在行业内尽可能多地达成共识，形成统一的规范和接口等。

传统数据中心有着保密的习惯。数据中心可能是自用的，也可能是对外提供租用服务的。对自用型数据中心来说，保密是企业业务中核心竞争力的重要组成部分。对租用型的数据中心来说，保密经常是根据用户要求，保护用户身份和用户数据的秘密。互联网企业是数据中心大户，无论是自建自用还是租用第三方，数据中心对它们来说都是一个成本中心。

数据中心从封闭走向开放，大约是在 2011 年，以 Facebook 创立的 OCP 项目和阿里巴巴、百度、腾讯联合发起的"天蝎计划"为代表。

Facebook 作为互联网的后起之秀，虽然与社交业务有关的流量激增，但其数据中心基本都是租用的。与此同时，谷歌等已经在自建数据中心了，并且有能力、有机会做好很多技术优化，但这些都作为公司秘密不向社会开放。

Facebook 意识到，数据中心支撑能力的落后已经开始影响其核心业务的发展了。如果 Facebook 像谷歌那样，也采用封闭的技术路线，是根本无法与之抗衡的。于是，Facebook 依托其强大的影响力和采购能力，反其道而行之，在数据中心引入了开源文化，开放了其数据中心、服务器、机架和主板的规范和计算机辅助设计（Computer Aided Design，CAD）的机械图纸，并且邀请开源社区一起优化和完善。

在这样的产业大背景下，中国互联网企业阿里巴巴、百度和腾讯也于 2011 年年底发起了"天蝎计划"，致力于开放服务器的工作。之所以选择服务器，是因为数据中心成本总费用支出包括投资成本和运营成本两大部分，而服务器的购买和维护占总成本的 60%～70%。

2014 年 8 月，在"天蝎计划"取得一定成绩的基础上，核心会员扩展到中国电信、中国移动和中国信息通信研究院等，研究范围涉及模块化数据中心、白盒交换机、开放网络、液冷和运维等领域，并正式成立了开放数据中心委员会（Open Data Center Committee，ODCC）。到 2020 年年底，ODCC 累计发布 150 余项研究成果，已经成长为具有全球性重要影响力的数据中心组织。

从 ODCC 走过的道路来看，数据中心的开放浪潮是从上到下、由内而外发生的。先是在 2006 年后掀起了全球云计算浪潮，改变了为云计算提供服务的底层硬件资源，例如服务器、网络和存储等开始软件定义和虚拟化等。这些数据中心内部硬件的陆续变化，又开始影响存放这些设备的数据中心，2014 年数据中心自身也开始走向了开放、预制化、模块化、高密度和智能运维等。而到了 2019 年前后，在 IT 领域数据中心模块化后，这一开放浪潮又外溢到非 IT 领域，例如供配电和制冷等。

3
与 5G 并列

2020 年 3 月召开的中央政治局常务委员会会议上，党中央明确提出要加快 5G 网络、数据中心等新型基础设施建设进度。这是数据中心首次被国家列入新基建条目。

一些人感到奇怪，数据中心有那么重要吗？竟然能够和超级明星技术 5G 并列？无他，唯熟悉耳。大家熟悉 5G，是因为 5G 贴近生活，可以讲很多动人的故事。但数据中心就像工厂的生产车间，城市的地下工程，大家相对陌生些。

虽然 5G 的核心服务是连接，数据中心的核心服务是计算，但近年来，我在不同场合的演讲和著述中，一直将 5G 和数据中心并列。这是我从技术角度分析互联网的架构设计后得出的结论。

技术是人设计的，技术的设计中自然会带着设计者的信仰，这导致技术也会是有信仰的。设计者相信什么，就会设计出什么样的技术架构。

互联网崇尚"人人参与"的基本理念，希望每个人和企业都有机会参与到互联网的发展中来，而不仅仅是当个消费者。根据这一技术信仰，互联网的架构设计采用了"智能终端傻网络"的基本原则，即开放网络把系统控制权尽可能地交给网络边缘，让互联网中间的网络本身尽可能地少干活，让位于网络边缘的各种终端、应用程序和用户尽可能地多干活。这一架构的具体实现就是已经稳定运行了 40 余年的 TCP/IP 技术。

与互联网"智能终端傻网络"相反的是传统电信网和广播电视网等采用的"智能网络傻终端"的架构，这些传统网络崇尚的是"中心控制"而不是网络"边缘控制"的基本理念，相信只有由网络控制服务，用户只当个消费者，才可以更好地保证系统的安全性和服务的可靠性，并且用户应尽的责任也会是最小的。

当然，互联网的"边缘"和"终端"是抽象的逻辑概念。边缘是相对于位于中间的网络而言的，其内是网络，其外从边缘算起或许就已经是终端了。终端指一切位于边缘外的，用于终结 TCP/IP 通信的各类设备、软件、平台、模块或末梢网络等，例如，PC、智能手机、App、机顶盒、传感器和可穿戴设备等，也可以是服务器、智能汽车、企业网、云计算和数据中心等。

这一设计降低了网络的势能，提高了边缘的势能，导致以电信运营商为代表的、位于互联网中央的网络运营商从此式微，以互联网公司、智能手机手表厂家、智能网联汽车服务商、SaaS 服务商、云计算服务商和数据中心服务商等为代表的、位于互联网边缘的"边缘运营商"快速崛起。从技术的角度讲，统治市场 20 多年的全球传统电信公司集体的相对衰落，就是互联网的这一架构设计决定的，因为网络运营商就只能是一个"比特管道"。

互联网商用化已经 20 多年了，"终端"也开始活得越来越像传统电信——开始区分为用户侧的消费者和服务侧的生产者了。互联网终端已经分为两大类：一类是用户侧的，涉及计算和内容消费型的，例如智能手机、App、5G、IoT、家庭网络和车联网等；另一类是服务侧的，涉及计算和内容供给型的，例如网站、服务器、云计算和数据中心等。

虽然 5G 和数据中心都位于互联网的物理层，都位于互联网的边缘，都从物理上连接和驻留了各类终端，但作用不同。5G 位于消费侧，把需求侧的智能手机、智能家居、智能汽车和传感器等接入互联网，而数据中心位于供给侧，通过光纤等把计算供给侧的服务器和云计算等接入互联网。

5G 和数据中心是隔网守望的"数字孪生"，一荣俱荣，一侧技术的进步必然引发另一侧的共振。新基建和 5G 时代的到来，也让数据中心走向了历史舞台的中央。其实，数据中心早就在舞台中央表演了，只是很多人还没注意到罢了。

4
没有了中间商赚差价

在数据中心的投资成本中，IT 设备占比高达 40% ～ 50%。因此伴随数据中心的开放潮，首先是互联网数据中心的 IT 设备走向了白牌化。

所谓白牌化是指科技巨头不再从品牌设备商那里购买整机设备，而是直接找代工厂购买或定制零部件，自己做硬件设计、软件开发和设备组装等，削弱甚至去掉了设备商的中间环节。

有些经济实力的企业或个人，以前采购 IT 设备时，都会选择品牌厂家，例如个人计算机、手机、服务器和网络交换机等，因为选择品牌不仅是质量的保证，更是一种不用动脑筋就可以简单"甩锅"的从众策略。

如果选择了品牌设备，出现问题可以推给他人或技术；如果选择了影响力不大的其他品牌的设备，出现问题就只能算是自己的了。举个例子，只需要进行简单的策略评估，采购业内公认的国际巨头 A 公司的服务器和 B 公司的网络交换机等，坚持"只选贵的不选对的"的基本原则不动摇，所有问题都可以简单粗暴地用"这是行业最佳实践"来化解。

品牌厂家为了降低生产成本，提高品牌附加值，发明了一种代工生产模式，即自己并不直接生产产品，而是利用自己掌握的关键核心技术和销售渠道等，只负责前期的设计开发及后期的销售，而将中间的具体加工任务交给其他企业去做。

客户→品牌设备商→代工厂

这种被称为代工（Original Equipment Manufacturer，OEM）的生产方式是社会化分工协作的又一次升级，虽然在其他行业早已有之，但之所以在全球电子制造业最为流行，是因为摩尔定律。

根据 IDG 的数据，20 世纪五六十年代电子产品的生命周期平均为 10 ～ 12 年，到 20 世纪 90 年代就已经下降为 6 ～ 18 个月了。2007 年，三星公司表示，任何一款消费电子产品的生命周期都不会超过 12 个月。2013 年 CCTV《东方时空》节目报道，"52% 的用户平均两年换一部手机"，2017 年 Counterpoint 公司的数据显示，中国人平均每 22 个月更换一部手机，2002 年则大约为 3 年。

电子产品的生命周期与摩尔定律的算力翻倍的增速几乎一致：在摩尔定律诞生前电子产品的寿命与一般商品的差别不大，摩尔定律每 18 个月的算力翻倍常导致电子产品的换代，而近几年摩尔定律的算力翻倍时间为 24 ～ 36 个月。

在摩尔定律的带动下，IT 设备商为了获取竞争优势，竞相加大对新产品的研发。为了尽快将研发成果转化为商品，许多大企业采用了关键部件自己生产，边缘部件以 OEM 方式外包的方式。这可以让企业缩短生产周期，将大量资金聚集在新产品的研发方面，在市场响应速度方面保持良性循环，可以按需做弹性、动态的生产制造。

可以说，电子制造业早已实现了工业互联网，OEM 造就了 IT 产业生态，OEM 就是"云制造"。

但近 10 年来，随着全球性的数据中心开放潮，一些互联网企业不再只是简单地从品牌厂家购买标准设备，而是直接找 OEM 代工硬件。在这条路上，是最终用户而不是中间的设备商委托 OEM 企业做代工，甲方悄然换成互联网巨头，绕开了赚差价的"中间商"，算力服务商直接找到了算力制造商合作。

互联网企业不仅拥有像传统品牌制造商那样雄厚的技术实力，可以根据自身的需要定制设计和研发，而且自身就是采购大户，根本不需要销售渠道！既然 OEM 出来的"非标准"服务器和网络交换机是客户自用的，那品牌就没那么重要了，白牌设备兴起！

最终的大客户→OEM

根据 IDC 发布的《全球服务器季度跟踪报告》，2020 年第一季度全球服务器市场收入同比下降 6%，其中白牌服务器逆势增长 6.1%，已占市场份额的 25.9%。市场研究机构 Crehan 公司 2019 年发布的数据显示，亚马逊、谷歌和 Facebook 的交换机出货量占 2018 全球数据中心市场的 2/3。

白牌是相对于"品牌"和"杂牌"而言的。"杂牌"是指小厂商生产的设备，市场知名度低，甚至可能还存在质量问题。白牌是指设备本身没有牌子，可能是小厂商也可能是大厂商生产的。拿到白牌设备的设备商贴牌后做二次销售，拿到白牌设备的互联网巨头二次开发后自用。

互联网头部企业从 OEM 企业处直接采购"白牌"设备，一方面可以降低采购成本，另一方面也会因定制化设备的"非标"导致成本增加。为了进一步降低成本，增加定制设备的灵活性，这些科技巨头推出了"白盒"设备的概念，尤其是在交换机领域。

传统交换机使用的是专用软硬件，而白盒交换机将交换机的硬件和软件解耦，用户可以只购买交换机硬件，然后搭配操作系统（例如开源的 Linux）、第三方软件或自研软件等，按需灵活配置。

"白牌"说的是交换机的品牌，"白盒"说的是交换机的开放性。白牌设备之前大多是黑盒的（即封闭系统），现在也有白盒的。白盒设备可能是白牌生产的，也可能是品牌商生产的，就像开源 Linux 的品牌商——红帽。

百度、腾讯、阿里巴巴等国内互联网公司也已经在积极推进网络设备的自研，一些公司已经开始规模化部署和应用白牌交换机。例如，阿里巴巴在 ODCC 网络工作组发起"凤凰项目"，以微软牵头的 SONiC 开源社区为依托，进行开源网络 OS 发行版的研发。"凤凰项目"的目标是推动"白盒 + 开源 OS"的网络生态，促进中国开放网络和 SDN 网络的进一步发展。ODCC 的数据显示，2020 年白盒交换机在数据中心市场的占有率约为 20%，而 2014 年是 7%。

无论是白牌还是白盒，都是要去掉中间的设备商，让最终用户面对最初制造商（OEM 企业）。但这有一个前提，那就是要求最终用户本身要具备足够强大的研发、设计、升级和维护能力，同时采购量也要能上规模，这是大多数企业和个人都难以达到的。因此"双白"设备目前的市场主体还是技术雄厚和采购量巨大的互联网巨头，未来会逐步扩散到更多其他类型的用户。

没有了中间商赚差价，也就没有了中间商帮忙"背锅"。天下没有免费的午餐，对于"小白"用户或采购体量不够大的企业，就不要惦记"白牌"或"白盒"了，还是踏踏实实继续找中间商合作吧。当然，无论产业如何变化，中间商不会消失，它只会改变形态后继续存在，甚至有些中间商会从传统设备商成功转型而来。

5
类型的丰富

20世纪60年代以来，计算机的发展大致有两个方向：一是追求更强大的计算性能，以高性能计算（High Performance Computing，HPC）为代表；二是优先追求更广阔的应用场景，以个人计算机、智能手机和可穿戴设备等为代表。

数据中心正在走着与计算机历史发展类似的道路：一是优先追求集中后产生的规模效应，以云数据中心、大型／超大型数据中心为代表；二是优先追求更广阔的应用场景，以边缘数据中心等代表。

随着新基建的提出，数据中心的外部性、网络化、生态化和社会属性变得更加明显了，需要满足的场景也越来越多，类型也越来越丰富。超大型数据中心、云计算数据中心、边缘数据中心、大数据中心、一体化数据中心和模块化数据中心等，这些新名词的背后，是根据不同需要从不同角度对数据中心进行的分类。

规模

从规模上看，数据中心可以分为超大型数据中心、大型数据中心、中小型数据中心，甚至微型数据中心等。

2013 年 1 月，工业和信息化部联合多个部委出台了《关于数据中心建设布局的指导意见》，明确了数据中心规模分类。第一类是超大型数据中心，这是指规模大于等于 10000 个标准机架的数据中心。第二类是大型数据中心，这是指规模大于等于 3000 个标准机架而小于 10000 个标准机架的数据中心。第三类是中小型数据中心，这是指规模小于 3000 个标准机架的数据中心。

运营方式

从数据中心的运营模式上看，可以大致分为自用型数据中心和租赁型数据中心。

自用型数据中心是将数据中心当作自身业务的一部分，支撑企业或者机构自身的业务发展需要。自用型数据中心的业主往往是一些非常有实力的大企业，例如互联网头部企业、大型金融机构和跨国公司等。

租赁型数据中心是将数据中心当作一种商业行为，对外提供 IT 资源或空间等的租赁服务。租赁型数据中心的业主一般是一些独立的专业数据中心机构，主要客户是一些无力或者不需要自建数据中心的中小企业。

可靠性

数据中心的可靠性是指在一个指定的时间内能够无故障地持

续稳定运行的可能性。例如,根据美国国家标准学会(American National Standards Institute,ANSI)于 2005 年批准颁布的 TIA-942 标准(数据中心电信基础设施标准),将数据中心分为 4 级:Tier 1、Tier 2、Tier 3、Tier 4。

影响数据中心可靠性的因素有很多,例如建筑结构、电机技术、空气调节、消防安全、防范及网络架构等技术类可靠性,以及运营和维护管理系统配置、运行维护、服务支持和网络性能等运营类可靠性等。改善可靠性的基本思路就是冗余,例如双路由、双链路、双供电和双机热备等。可靠性越高,成本也会快速增加。

能效

数据中心是能源消耗大户,但主要的能耗是电力。典型数据中心能耗主要由 IT 设备、制冷设备、供配电系统和照明等组成。典型数据中心能耗组成如图 2-1 所示。

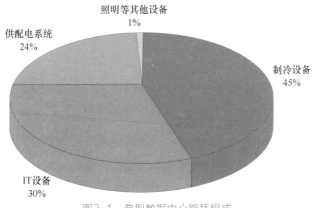

图2-1　典型数据中心能耗组成

由绿色网格组织（The Green Grid，TGG）率先提出的能源使用效率（Power Usage Effectiveness，PUE）是国内外数据中心普遍接受和采用的一种衡量数据中心基础设施能效的指标，其计算公式为：

PUE= 数据中心总设备能耗 /IT 设备能耗

IT 设备耗电

PUE 值越小，表示能源效率水平越高。基于 PUE 值和其他标准，中国信息通信研究院推动 ODCC 和绿色网格标准推进委员会（TGGC）开展了"数据中心绿色等级评估"。绿色等级评估将数据中心分为"1A"至"5A"5 个等级，并且从能源效率、节能技术、绿色管理等维度对数据中心进行评估和综合评分。

形态

从形态看，数据中心可以分为模块化、集装箱式、单体建筑、园区模式和集群式。

模块化数据中心为满足云计算的需求，采用模块化设计理念，模块化数据中心集成供配电、制冷、机柜、气流遏制、综合布线、动环监控等子系统，最大限度地降低基础设施对机房环境的耦合，能够实现快速部署、弹性扩展和绿色节能，开启了数据中心建设的新模式。

随着云计算、大数据、人工智能等应用普及，促使超大型数据中心规模的体量不断增加，数据中心不是单个的建筑体，而将成为一个庞大的建筑群。2021 年年初，一些企业披露的建设规划显示，未来很多数据中心集群的服务器规模将超过百万级别。2020 年 12 月 23 日，国家发展和改革委员会等 4 个部委发布的《关于加快构建全国一体化大数据中心协同创新体系的指导意见》指出，要在一些地区布局大数据中心国家枢纽节点等，集群化的政策引导明显。

其他分类

除了以上从规模、运营模式、可靠性和能效等方面对数据中心进行分类外，还可以根据不同需要，从更多的维度对数据中心进行分类。

例如，从部署位置看，可以分为集中式的云计算数据中心和分布式的边缘数据中心。从建设运营的方式看，可以分为自建、代建和代维等。从供电方式看，可以分为市电直供、高压直流、双路柴发等。从制冷方式看，可以分为自然冷却、机房空调组、绝热冷却、冷热通道隔离和液冷等。

6
数据中心超级计算机

　　追求集中化和规模效应的数据中心，以云计算数据中心、大数据中心、大型数据中心和超大型数据中心为代表（为表述方便，本节简称为"云数据中心"）。

　　云数据中心是计算机家族中的新成员，这是为各类 App、数据库、AI 和云计算等通过网络提供算力的超级计算机。只是因为它是面向企业的而不是面向个人用户的，其 I/O 系统也不是键盘、鼠标和触摸屏而是抽象的互联网，因此不为大家所熟悉或重视。

　　云数据中心与早期的计算机在很多方面也非常相似。例如，云数据中心经常是一幢建筑，是要选址的，是耗电惊人的，也是要工程师进入"机器"内部开展建设与维护的。

　　正如前文所述，20 世纪 40 年代，世界上第一台电子计算机 ENIAC 诞生，选址宾夕法尼亚大学。只要 ENIAC 开启工作，全镇居民家的灯光都会变暗，在这种情况下算不算已

60

经泄密了呢?

云数据中心与 HPC 都是计算机,都属于超级计算机,但目的和用途不同。

知识芯片

一直以来,超级计算机都是国家的重要战略资源,被认为是国家技术能力的象征。从国际上看,1997 年 5 月 1 日,IBM 公司生产的超级计算机"深蓝",因战胜了国际象棋大师、世界棋王——卡斯帕罗夫而一举成名。2011 年 10 月 27 日,我国第一台完全采用国产中央处理器(Central Processing Unit,CPU)的千万亿次超级计算机——神威蓝光,在国家超级计算济南中心投入使用。该机装有 8704 片国产"申威 1600"16 核 64 位处理器,计算能力超过 20 万台普通笔记本电脑。超级计算机对国家安全、经济和社会发展具有举足轻重的意义。从具体应用上看,在国防领域可用于模拟核试验、飞行器设计、监听对方通信系统、反导弹武器系统等。可以说,没有强大计算能力的超级计算机,宇宙飞船就不

能上天,国家安全就做不到万无一失,基因研究就无法继续,复杂

的气象、勘探工作就难以精确。而正因为如此，长期以来，把握超级计算机领先技术的西方国家，对包括中国在内的发展中国家实行了严格的管制，严禁出口相关的高端技术和产品。例如美国政府以国家安全为由，禁止向中国出口每秒 1900 亿次以上的超级计算机系统。

近年来，我国在超级计算机领域的实力在持续提升，2008 年 11 月 17 日，TOP500.org 组织公布第 32 次《全球超级计算机五百强》榜单，中国研制的曙光 5000A 百万亿次超级计算机再次杀入了前十位，前十名中的第 1 到第 9 名全部来自美国，这是在主要由美国占绝对垄断的全球超级计算机领域里，中国科学家取得的历史性突破。目前，中国已成为继美国之后第二个可以制造和应用千万亿次超级计算机的国家。

HPC 把计算资源聚集起来，是为了追求技术上的更高性能，面向科学计算解决复杂性问题，而对经济性和社会服务考虑较少。云数据中心把计算资源聚集起来，是为了追求经济上规模效应带来的更低成本，让计算资源能够大规模地灵活复用，提供的是社会化的通用计算服务，必须高度关注经济性和商业逻辑。

与 HPC 类似，云数据中心也在不断聚集算力，大致有 3 招。一是依靠虚拟化和虚拟化管理等云计算技术，提升计算资源的利用率。二是按摩尔定律的进程简单升级芯片或采用并行计算的图形处理器（Graphics Processing Unit，GPU）芯片，数据中心的能力也能呈指数级增长，这条道路一直是聚集算力的主航道。三是集合更多的算力节点（以服务器为代表）形成集群，单节点的性能不佳只能靠增加节点数量。随着云计算技术的成熟应用、摩尔定律的减速和分布式技术的进步，提升数据中心算力越来越依靠第三条道路了——技术不行数量来凑。

随着数据中心场景不断增多，类型日益丰富，不同数据中心相互的交流协作变得日益重要。如果说单体的云数据中心就是计算机，那么诸多不同数据中心协作提供服务，就像互联网的运行方式了。

换言之，如果说互联网时代的数据中心就是计算机，那么新基建时代的数据中心就是互联网。过去，计算机的历史就是数据中心的未来；将来，互联网的历史就是数据中心的未来。事实上，互联网和云数据中心都是超级计算机，只不过互联网的通信属性更强，数据中心的计算属性更强。无论通信还是计算，都是其他新型基础设施的基础性支柱。

7
黄金岁月

数据中心位于新旧基建的交叉口上，像是传统基建里做 IT 的，IT 业里做房地产的。数据中心是数字社会的底座，其市场增速反映的是整个数字社会增长的"综合指数"。

无论是 5G、云计算、大数据、人工智能、区块链、物联网和工业互联网等技术，还是搜索、社交、支付、直播、视频等应用，无论是数字产业化还是产业数字化，想在数字世界"活命"就都需要数据中心的支撑。

各国政府的数据中心政策抓手，一般有 3 个：一是抓能源效率，二是整合老旧小优化新布局，三是定规范推示范。例如，美国政府从 2010 年开始，就陆续推出了数据中心整合与节能改造计划，10 年来先后关闭了 7000 多家数据中心。欧盟自 2012 年开始，提出了数据中心行为规范，出台节能最佳实践方案和实施计划，推进数据中心节能降耗。中国从中央政府到地方政府，自 2013 年开始从合理布局、绿色节能、技术创新和示范基地等多个维度出台了多项政策，2020 年更是将数据中心与 5G 并列纳入了新基建。

　　根据国际数据公司的预测，2020 年全球数据中心的市场规模约为 623 亿美元，最近几年一直保持 10% 左右的增速。2019 年全球数据中心约有 910 万个机架，服务器 6300 万台，其中北美地区互联网流量占比超过 40%，亚太地区增速较高占比已经超过 30%，预计未来中东、南美、非洲等地数据中心规模将快速增长。2015—2020 年全球数据中心市场规模如图 2-2 所示。

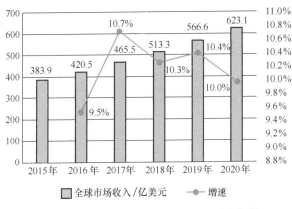

图2-2　2015—2020年全球数据中心市场规模

　　全球数据中心的布局主要聚集在经济发达和人口密集区域。北美数据中心总体体量大、上架率高，产业发展优势明显。欧洲地区在城市的数据中心数量较多，云业务驱动增长较快，但新建数据中心受限，部分大型企业开始在气候寒冷的北欧地区建设数据中心。在亚太地区，中国市场增长较快，新加坡、日本等地的数据中心网络条件较好，成为跨国企业国际化发展的优先选择，但数据中心资源紧缺，价格较高。

全球数据中心市场竞争格局，呈现出明显的马太效应，美国、中国、日本企业占据主要的市场份额。2020 年，排名前十的企业占据全球 45% 以上的市场份额。美国 Equinix 公司仍占据龙头地位，中国电信跃居全球第二，日本 NTT、KDDI、中国联通、中国移动和万国数据也跻身全球前十名。

全球数据中心投资并购市场活跃，龙头企业加速收购。2015—2019 年全球数据中心交易量大幅增长，数据中心投资交易总金额超过 800 亿美元。其中 2019 年全球投资并购交易数量约是 2015 年的 4 倍，非上市公司参与的并购数量大幅增加 50% 以上，2020 年并购投资事件依然非常活跃。2012—2020 年全球数据中心投资交易情况如图 2-3 所示。

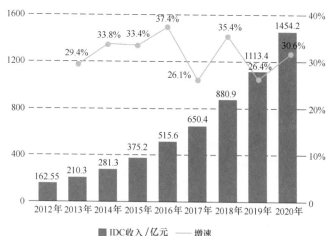

图2-3　2012—2020年全球数据中心投资交易情况

2020 年我国数据中心市场规模为 1500 亿元，年均增速继续保持在 30% 左右，远高于全球 10% 的年均增速。其中，大型规模以上数据中心增长强劲。2010 年，我国数据中心经历了第一波建设热潮，其主力军是电信、金融和互联网等行业。2020 年，受新基建相关政策等的鼓舞和企业数字化转型等需求的驱动，云计算厂商及新生代互联网公司也纷纷加入自建或合建数据中心的大军，掀起了数据中心建设的又一波热潮。

从竞争格局看，电信运营商和第三方 IDC 服务商仍是我国数据中心的主要参与者。但更多的投资和运营主体正在涌入，例如转型的钢铁企业、房地产企业、数据中心设备商等。另外，基于分担风险、整合资源等考虑，数据中心合建模式越来越多，企业差异化竞争，构建优质生态圈。

从应用模式看，我国数据中心正在从企业自用数据中心向互联网数据中心转移。EDC 呈现出个数多、规模小和技术差等特点，而 IDC 规模效应明显，技术也较为先进。

从行业来看，我国数据中心应用逐渐多元化，加速向第二产业渗透。互联网和通信行业发展最早，占据主要市场份额。金融和政府行业信息化数字化相对较早，应用逐渐深入，规模快速增长。制造、能源、车联网、医疗、教育、交通、医疗和教育等行业的数据中心应用逐步加速。

在政策引导下，国有和民间资本大量涌入数据中心投融资市场。根据中国信息通信研究院发布的"数据中心白皮书2020"的不完全统计，全国 24 个省（自治区、直辖市）的新基建项目约 2 万个，投资超 48 万亿元。根据中国信息通信研究院的测算，2020 年投资达到 3000 亿元，未来 3 年将增加 1.4 万亿元。REITs（不动产投资信托基金）为数据中心产业增添新的融资渠道，北京、上海等地已启动试点项目申报工作，或将有效减轻经营者的融资压力。

从布局来看，我国数据中心越来越呈现出明显的"哑铃型"：一头集中在东部和一线城市等用户密集的地区，一头集中在中西部资源富足的地区。第一波建设热潮时，我国的数据中心高度集中在互联网用户密集的地方，例如北京、上海、广州、深圳等一线城市。近年来，随着国家和地方相关政策的出台和引导，以及企业在经济上的考虑等，越来越多的数据中心尤其是大型 / 超大型数据中心，纷纷选址在中西部地区。

8

布局的"双驱"

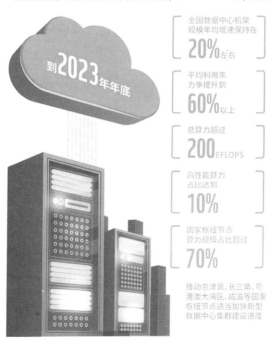

《新型数据中心发展三年行动计划(2021—2023年)》提出

到2023年年底

全国数据中心机架规模年均增速保持在 **20%**左右

平均利用率力争提升到 **60%**以上

总算力超过 **200**EFLOPS

高性能算力占比达到 **10%**

国家枢纽节点算力规模占比超过 **70%**

推动京津冀、长三角、粤港澳大湾区、成渝等国家枢纽节点适当加快新型数据中心集群建设进度

一般数据中心的电能占到数据中心总运营成本的 40%,

大型 / 超大型数据中心甚至会达到 60% ～ 70%。一个规模相当的数据中心和一个商业写字楼，前者的电力消耗是后者的100 倍以上。因此，数据中心希望尽可能选址在资源富足和气候适宜的地方，尤其对当地电价相当敏感。

同时，从算力供给来看，选址在距离用户近的地方，响应的实时性就高，用户体验就好。例如用于证券交易的数据中心，毫秒级的提升就会带来机器自动量化交易时的巨大优势和财富。

数据中心选址的内在矛盾就在于资源消耗和算力输出之间，距离用户近的地方往往能源昂贵甚至短缺，能源富足的地方往往用户稀少。例如，我国的数据中心用户集中在东部和一线城市，但一线城市的电力和土地资源等，已经不是贵不贵的问题，而是有没有的问题了。而很多中西部地区的情况正好相反，资源相对富足但用户稀少。

是否可以找到一个建设运营数据中心的"桃花源"，在那里不仅用户密集而且资源富足？答案是否定的，因为数据中心是一个后来者，凡是用户密集的地方，资源早被工业制造、城市运行和居民生活等"用户"消耗掉了，因此很难为数字时代才来的数据中心腾挪出大量新资源。反之亦然，如果一些资源富足地方的用户稀少，肯定是有其他原因的，引入数据中心后发展数字用户需要一个较长的过程。

用户集中的一线城市

用户集中的一线城市的数据中心政策取向一般是"优化存量控制增量"。"改造"成为一线城市数据中心发展的关键词，例如改造老旧小的机房，改造老旧工业厂房和改造变电站所等。尤其是一线、准一线城市的钢铁企业，进入数据中心市场的愿望最为强烈，因为不仅离用户近，而且"改造"前就拥有了数据中心需要的电力、水和厂房等宝贵资源。

一线数据中心发展的另外一个关键词是"溢出"。例如北京，当人口开始聚集（溢出）在五环周边时，数据中心开始在六环周边聚集；当人口开始在六环周边聚集时，数据中心就跑"七环"（即环京周边地区）去了。"啊，数据中心，你的选址总比人口迁徙多一环"。因此，一线城市的周边地区已经成为数据发展的新热点。

资源富足的其他地区

目前，我国 31 个省（自治区、直辖市）均有各类数据中心部署。根据统计，2018 年内蒙古自治区、河北省、贵州省等能源充足、气候条件适宜地区的大型 / 超大型数据中心全国占比上升了 5 个点，超过了 30%，同时东部一线城市数据中心全国占比下降了 5 个点，约为 37%。

与此同时，中西部数据中心的上架率也在不断提升，这意味着这些数据中心正在更好地被用起来。根据中国信息通信研究院的统计，我国数据中心平均利用率为 48%，东部和一线城市为 50%，而中西部地区 2017 年是 15%，到 2018 年就超过了 30%。相比之下，即使在没有疫情的情况下，我国五星级宾馆的入住率常年不到 60%。

如果说，将数据中心建设向中西部地区"引流"，初衷是为了以更丰富、更低廉的资源建设数据中心，从而更好地响应东部地区的需求，那么现在随着越来越多数据中心在中西部地区落地，其也正在带动中西部地区当地经济的发展。例如，仅 2020 年上半年，贵州省就引进大数据产业类项目 67 个，合同约定投资额 584.6 亿元。除了中国电信、中国移动、中国联通、华为、腾讯、苹果、富士康等企业在贵安新区建设数据中心，中兴、联想、微软、阿里巴巴等更多世界 500 强也纷纷进驻。2017 年，贵州大数据中心就带动了 30 万人就业。

将"先进"生产力输送到土地、人力资源更充沛的欠发达地区，有没有似曾相识的感觉？20世纪60年代，一大批工厂从东北、华北等地迁移到贵州、重庆、湖南等地，俗称"三线"建设。在20余年的时间里，这些工厂有力地带动了当地经济的发展，深刻改变了当地的文化和生活方式，将一些荒地"孵化"成为全国知名的以钢铁、煤炭、汽车为主导的工业城市。几十年后的今天，数据中心也将和这些工厂一样，承担着促进当地产业转型升级，孵化新型业态的使命和责任。

数据中心消耗的是电力，产出的是算力。发电机将各种能源转换成电能，数据中心将电能转成算力。从绝对值看，数据中心的能耗确实惊人，但它是数字经济和数字社会的基础设施，相对于其产生的价值，真的就是高耗能吗？

9
能耗巨兽

在 100 多年前爱迪生和特斯拉的那个时代，电力还是地地道道的高新科技，后来才逐步发展成新兴产业，再普及成全球性的基础设施。数字技术就是电力行业的一个应用，是电力基础设施上运行的一个"电力增值服务"，因此消耗最大的资源也是电力。

根据中国信息通信研究院的测算，截至 2020 年年底，全国数据中心耗电量为 700 多亿千瓦时，占当年全社会用电量的 1% 左右，大约消耗超过 870 万吨标准煤。

分行业来看，根据中国电力企业联合会的数据，2020 年 1～5 月，化工行业用电量 1753 亿千瓦时，同比下降 4.3%；建材行业用电量 1259 亿千瓦时，同比下降 7.5%；黑色金属冶炼行业用电量 2231 亿千瓦时，同比下降 1.5%；有色金属冶炼行业 2439 亿千瓦时，同比增长 2.0%。行业全年的用电量要远高于数据中心行业。

虽然不同报告和年份的数据会有差异和波动，数据中心行业的耗电量与化工、建材和金属冶炼等行业的耗电量不能相比，但是丝毫不影响大家对数据中心是"能耗巨兽"的一致看法。

"能耗巨兽"虽然是一致的，是对现状的描述，但也有不一致的地方，不一致的是对未来的预测，尤其是能耗的年增长率上。

2016 年瑞典的一位研究人员预测，到 2030 年数据中心的用电量可能会增加 15 倍，占全球电力需求量的 8%。2019 年的一份市场报告称，全球数据中心电力市场年增长超 10%。也有人预测，当今天出生的孩子长到青少年时，数字产业的用电量可能会超过全球总用量的 20%（其中，数据中心约占 8%）。普华永道估计，比特币和以太坊两种数字货币分别吞噬了全球至少 0.33% 和 0.5% 的电力。中国电力企业联合会的数据显示，2018 年互联网、软件和信息技术服务业用电量增速均超过 60%。

这些预测数据"打架"不重要，因为不同的看法很重要，但问题是随着时间的推移，这些数据开始相互"打脸"了，上面很多耸人听闻的预测并未成真。2011 年，斯坦福大学教授乔纳森·库门发布的一份独立报告显示，2005—2010 年美国数据中心的用电量大约只增长了 36%，而不是翻了 2 倍。2017 年国际能源署（International Energy Agency，IEA）的报告估计，数据中心的工作量到 2020 年将增加 2 倍，但电力需求将下降 3%。2020 年 2 月，《科学》刊登了一篇论文《重新校准全球数据中心能耗估算》，该论文称：全球数据中心总耗电为 205 太瓦时，2018 年占全世界总耗电的 1%。与 2010 年相比，2018 年全球数据中心算力增加了 550%，总耗电量仅增加了 25%，算力能耗强度平均每年下降 20%；8 年来存储容量增加了 25 倍，电力消耗对应只增加了 3 倍。

因此，业界出现了以库门教授名字命名的库门定律：每隔 18 个月，相同计算量所需要消耗的能量会减少一半。

2012—2020 年，全球数据流量年复合增长率约为 36%，我国约为 49%。最近 5 年，全球数据中心市场年复合增长率约为 10%，我国约为 30%。8 年来，全球数据中心的能耗仅增长了 25%。

这三者数据中间的巨大差异归功于三大因素：一是数据中心布局的优化；二是 IT 设备效能的提升；三是各类新型节能技术的应用。

早在 2013 年，工业和信息化部就已经联合四部委印发《关于数据中心建设布局的指导意见》。近年来，工业和信息化部持续更新《全国数据中心应用发展指引》，引导数据中心持续"增兵减灶"。统计数据显示，2013 年以前我国大型以上数据中心的数量较少，而到了 2019 年，在对外服务型数据中心中，大型以上数据中心机架规模占比达到 70% 左右。2016 年，美国 Lawrence Berkeley 国家实验室估计，如果小型数据中心中 80% 的服务器转移到超大规模的数据中心，这一举措可以降低 25% 的能耗。从 PUE 来看，2013 年以前，我国对外服务型数据中心平均 PUE 在 2.5 左右，而到了 2019 年年底，全国对外服务型数据中心平均 PUE 降为 1.6 左右。

IT 设备是数据中心的核心设备，制冷为核心设备提供舒适的工作条件。一般而言，制冷设备的耗电量占数据中心总耗电量的 30%～40%。随着间接蒸发冷却等新技术的部署，制冷设备的能耗占比一直在降低，同时 PUE 也不断再创新低。2019 年，第二批国家新型工业化示范基地（数据中心）中河北怀来的官厅湖数据中心就是大规模采用间接蒸发冷却技术，年均 PUE 可以达到 1.165。

中国信息通信研究院发布的"中国数字经济发展白皮书（2021 年）"显示，2020 年我国数字经济增加值规模达到 39.2 万亿元，占 GDP 比重 38.6%。根据美国的一项研究报告，2020 年信息和通信技术贡献了全球碳排放量的 3.5%（主要是电力消耗造成的）。38.6% 与 3.5%，你说这一数据对比是高还是不高？

但技术上无论如何进步，都无法改变数据中心现在的耗能高，将来的能耗占比会持续提升的趋势。为了实现数据中心的"碳中和"和"碳达峰"，国际上的一些互联网头部企业已经纷纷做出承诺。例如，亚马逊计划到 2040 年实现"碳中和"，苹果计划到 2030 年实现"碳中和"，谷歌和 Facebook 计划到 2030 年实现无碳排放。微软的计划更激进，要到 2030 年实现碳负排放，到 2050 年消除公司历史累计所有碳排放。

部分国内企业也陆续开始自愿设立和公布"碳中和"目标，并规划减排路线。例如，阿里巴巴发布"迈向零碳时代的2021 减碳账单报告"，秦淮数据集团宣布到 2030 年实现"可再生综合能源解决方案"，腾讯也在 2020 年 10 月宣布启动"碳中和"规划。尽管如此，总体来看，我国企业距离国际先进水平还有不小的差距，尤其是在数据年份跨度和颗粒度等方面。数据中心总能耗会不断攀升，这是因为数字社会需要数据中心这个"底座"提供日益强大的算力资源。数据中心总能耗上升速度远低于算力能力提升的速度，主要是因为技术的进步，尤其是算力密度的快速提升。

随着算力密度的不断提升，从 2.5 千瓦到 6 千瓦到 20 千瓦，风冷逐渐力不从心，具有 3000 倍比热容的液冷在发电等行业有了成功经验之后，走上数据中心制冷的舞台。过去数据中心之所以体积大，其中一个重要原因就是必须预留足够的空间散热，而液冷极大地压缩了这部分空间，所以液冷带来的不只是制冷效率的大幅提升，而且是对数据中心的设计、建设和运维带来重构的挑战。

10 液冷很"热"

在广袤的非洲大地，一头犀牛在泥浆中肆意打滚，享受着难得的凉爽。早在远古时代，动物就已经利用"泥浆浴"或者"泡澡"的方式降温，而今天的人们也在尝试用"泡澡"或者"淋浴"的方式给数据中心降温。

无论是生物计算还是电子计算，只要是计算就都会发热。当前，随着云计算、大数据、人工智能等技术的发展普及，高密度计算快速兴起，服务器和芯片的计算性能持续提升，能耗大幅增长。传统的风冷已经无法满足高密度计算的发展需求，再大的风也吹不凉那滚烫的"芯"了，在这一背景下，液冷技术开始受到业界的青睐。

散热是 IT 设备的"天生"需求。每台电子设备在交流电或直流电上运行时都会产生热量。为了防止服务器芯片组和组件出现故障、熔化和损坏，需要控制 IT 系统产生的热量。

在过去的几十年中，数据中心制冷主要采用风冷技术，即在机房中安装大量的专用空调或家用空调，以降低数据中心的温度。20 世纪 60 年代，美国 IBM 公司研制成功第一个采用集成电路的通用电子计算机系列 IBM360 系统，而美国 Liebert 公司为其配套研发了世界上第一台恒温恒湿精密空调，从此开启了计算机空调制冷的时代。

然而，50 多年来摩尔定律让计算密度呈指数级增长，传统风冷的空气流动在直接影响 IT 系统的稳定性和寿命的同时，效能已经"见顶"。

液冷服务器在工作

实际上，液冷并不是一个全新的技术，早在 20 世纪 60 年代，液冷（水冷）技术就已经在计算机领域得到应用，但是由于风冷技术在成本和安全上的优势，使液冷技术并没有大范围推广。近年来，在需求的推动下，同时也得益于液体、密封等技术的成熟，液冷技术具备了快速发展的条件。

与传统的风冷相比，液冷的优势非常明显：液体导热能力是空气的 25 倍，这意味着同体积液体带走的热量是同体积空气的近 3000 倍；在处于同等散热水平时，液冷噪声水平比风冷降低 20～35dB，液冷系统约比风冷系统节省 30%～50% 电量。同时，液冷系统对于空间的节约也很显著，浸没式液冷技术不仅可以将单体计算密度提升 10 倍以上，同时 IT 设备占地面积减少 75% 以上，即缩减为原来的四分之一。

经过数年的发展，今天的液冷技术已经比较成熟，全球各大企业在此领域展开了诸多探索，相关技术和产品已经在数据中心、手机、基站等领域得到应用。2020 年，液冷在数据中心的使用已经有规模化应用的案例。

从风冷到液冷，改变的将不仅是制冷方式，而是整个数据中心的生态。试想一下，一旦数据中心主要的制冷方式从风冷转为液冷，那么随之发生改变的还有服务器的设计，以及整个数据中心的设计，引发一连串的"革命"。

11
技术创新的制高点

早期的机房主要是用来堆放计算机的，就像一个存放计算机的专用仓库，没有多少技术含量。到了互联网时代，机房 / 数据中心的技术含量开始上升，但基本还是直接引进，例如，从计算机、电信、电力和制冷等行业直接引用过来，再做一些配置，几乎不会针对数据中心环境做较多的创新和优化。

互联网的设计初衷是用于计算机之间的通信。但到了 20 世纪 90 年代中后期，WWW 的发明直接改变了互联网的业务流量模型，占主导地位的流量从通信类的对等（P2P）模式变成浏览、购物等的客户 / 服务器流量模式，这也导致互联网上的服务器从通信服务的配角变成内容服务的主角，从后台走到前端，与用户直接面对面。于是服务器的"服务地"和资源管理越来越重要，让提供资源的数据中心和管理资源的云计算，从配角慢慢转移到了舞台中央。

互联网业务和流量的变化催生了云计算，云计算改变了数据中心，数据中心成了业务复杂性的聚集地、流量复杂性的聚集地，同时，数据中心变成资源密集型和资本密集型，也正在变成技术密集型，它必然会发展为技术创新的新高地。

事实上，围绕数据中心的技术创新潮正在到来，这个过程是从上到下，从内而外发生的。先是上层发生了云计算革命，然后"倒逼"下层的服务器、网络和存储等技术的进化。先是数据中心最核心的 IT 领域做出了改变，然后又外溢到非 IT 领域，例如，供配电和制冷等，这些非 IT 领域也开始与 IT 领域类似，开始走向开放、标准化、模块化和预制化等。

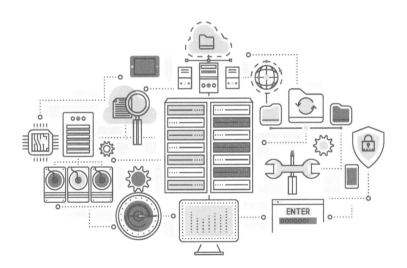

12 如何理解"大数据中心"

2016 年 10 月，中央政治局集体学习时首次提出"建设国家大数据中心"的概念。2020 年 3 月，中央政治局常务会议首次提出"要加快 5G 网络、数据中心等新型基础设施建设进度"。2020 年 12 月，国家发展和改革委员会等 4 个部委联合发布《关于加快构建全国一体化大数据中心协同创新体系的指导意见》。

那么"数据中心"和"大数据中心"到底是什么关系呢？

前面讲过，"数据中心"大约始于互联网开始商用的 20 世纪 90 年代中期，是从"计算机机房"演变而来的。"大数据"的说法也已经流行了近 10 年。

处理大数据需要专用的数据软件和平台，数据软件通常安装运行在通用软件（例如，操作系统）上，通用软件安装和运行在服务器等硬件设备上，硬件设备又放置运行在数据中心中。

因此，大数据和数据中心是需求和供给的关系，一个是

IT 资源的消费者，另一个是 IT 资源的供给者，中间一般还需要做资源管理和调度的通用软件层。如果某个数据中心的通用软件层是分布式架构的，采用了虚拟化和容器等技术，业界就会把这种引入了云计算技术的数据中心称为"云数据中心"，强调数据中心已经云化。

对于"大数据中心"，从字面上看可以有两种解释：一是"大的数据中心"；二是"大数据的中心"。具体如何理解还要看语境。

先看"大的数据中心"。根据权威定义，以功率 2.5 千瓦为一个标准机架，大型数据中心是指规模在 3000 ～ 10000 个标准机架的数据中心，低于 3000 个的是"中小型数据中心"，超过 10000 个的是"超大型数据中心"。就像羊肠小道、普通公路和高速公路各有其用途一样，无论是中小型、大型还是超大型数据中心，也都有其各自的应用场景，它们都是新型基础设施的基础设施，是新基建的重要组成部分。

再看"大数据的中心"。2016 年 10 月，中央政治局在集体学习时提出"以数据集中和共享为途径，建设全国一体化的国家大数据中心，推进技术融合、业务融合、数据融合，实现跨层级、跨地域、跨系统、跨部门、跨业务的协同管理和服务"。

很明显，党中央首次提出"大数据中心"时的语境，是指"大数据的中心"，其建设目的是集中和共享数据，为了"三融合"和"五个跨"，因此必须"全国一体化"，需要"协同管理和服务"。当然，"大数据的中心"需要"大的数据中心"的支撑，这里只是重点去掉大数据。

"大数据的中心"强调的是基础设施上的大数据应用。"大的数据中心"强调的是支撑大数据应用的底层基础设施。

因此，在单纯的大数据（例如数据生产要素）语境下，使用"大数据中心"的说法更准确，在单纯的新基建语境下，使用"数据中心"的说法更准确。如果没有特定的语境，则"大数据中心"可以同时包含"大数据的中心"和"大的数据中心"，甚至包括云计算和 AI 等，或者更突出"大数据"或"数据中心"。例如，国家发展和改革委员会等 4 个部委于 2020 年 12 月发布的《关于加快构建全国一体化大数据中心协同创新体系的指导意见》，该文件同时涉及了数据中心、云计算和大数据应用等，因为技术上三者的关系本来就很密切。

13

小结

数据中心就是网络版的大型计算机，是云计算的骨骼，用物理身躯支持着云计算的发展。数据中心就像 IT 行业做房地产的，房地产行业里做 IT 的。同时，就像早期的蒸汽机其实不是机器而是一个硕大的房子，早期的计算机其实也不是一个机器而是一个硕大的房子。随着房子里的硬件和外设等越来越微缩化和集成化，房子慢慢与里面的计算机耦合，演变成专门放置计算机的房子，简称"机房"。

到了 20 世纪八九十年代，家用计算机的兴起导致机房的没落，但几乎与此同时，互联网的爆发让客户 / 服务器计算模式兴起，机房演化成互联网数据中心，成了 WWW 和 Email 等服务器的聚集地。

近年来，随着云计算和大数据等技术的发展，数据中心的地位日益凸显，迎来了黄金发展期，出现了很多新变化。例如，数据中心的类型越来越多，以服务于不同的场景客户。数据中心的能耗日益受到关注，导致选址等也开始分化，有的继续建在靠近用户的地方，有的则去了资源富足的地方。数据中心技术也不再封闭，而是开始走向开放和标准化，走向云化等，带动了白盒设备、无损网络和液冷技术等的发展，日益成为技术创新的制高点。

2020 年，数据中心被纳入新基建，历史开始重新定义数据中心的地位。未来的数据中心不再只属于商业和互联网，而是属于整个社会，其基础性、公共性和社会属性会越来越强。

第三部分

闲云流水

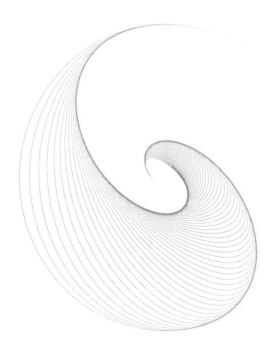

经过十余年的发展，云计算产业发展迈入相对成熟的阶段。今天，是否上云已经不是关注焦点，如何更好、更快上云，如何构建新型云计算基础设施是业界探索的重点。

走过野蛮生长的快速发展阶段，云计算也正在变得更加"理性"，"优化""治理""低碳""信任"等成为云计算的热词。未来一段时间，云原生将加速重构传统 IT 架构，成为驱动云计算"质变"的技术内核。

1 云计算的演进

　　把"穷在闹市无人问，富在深山有远亲"这一俗语用在云计算的起源上是完全匹配的。现在已经取得成功的云计算，也成功地引来一批要求"认亲戚"的技术，例如，"虚拟化""分时计算""效用计算""网格计算""网络就是计算机""虚拟专用网""Email""Web2.0"和"软件即服务（Software-as-a-Service，SaaS）"等，当然也少不了数据中心。我们还可以继续往前再捋一捋，云计算的亲戚"无穷匮也"。

　　回头看，虽然云计算诞生没有清晰的演进图，但业内公认的两个标志性事件都发生在 2006 年：一是亚马逊向市场推出了 AWS，二是时任谷歌公司 CEO 的埃里克在搜索引擎大会上首次提出"云计算"的概念。亚马逊在 AWS 之前已有很多尝试，在市场上都不能算成功，而 AWS 却长期雄踞全球云计算市场霸主之位。在埃里克之前也早就有了"云计算"概念的公开表述，但说了也几乎白说，因为没有它那么大的影响力。

　　10 多年来，很多传统标准组织和新兴的云计算组织都在从事与云计算相关的标准研制工作。但目前全球广泛接受的云计算定义是 2011 年美国国家标准研究院提出的，偏重云计算的概念和原理。国内被广泛接受的云计算是 2013 年中国信息通信研究院推出的可信云标准和评估体系，偏重云计算的实现和市场属性。

这里解释一下 NIST 定义中最出彩的基础设施即服务（Infrastructure as a Service，IaaS）、平台即服务（Platform-as-a-Service，PaaS）和 SaaS。传统 IT 方式——本地部署（On-Premises）就像家里有宅基地，从打地基开始到盖房子和装修，想怎么捯饬就怎么捯饬，靠自己动手丰衣足食。IaaS 就像毛坯房，已经具备最基础的设施，用户可以按自己的想法搞装修。PaaS 就像精装修房，主要缺的是家具装饰等。而 SaaS 就像提供拎包入住的酒店服务等，拥有验证身份的房卡就行。

云计算发展初期面临的最大挑战是如何赢得用户的信任。2013 年正式推出的"可信云"，其基本思路是"因为透明，所以可信"，用信息公开提高信任度。可信云要求云计算的提供方，按规范模板公开或提供信息，接受公开评议或专业第三方的评估，对信息的完整性、真实性和有效性加以核验，从而提高了云计算的信任度，也简化了用户的选择。

今天的云计算与 2011 年相比，在很多方面都已经进化了，例如，诞生了 NIST 框架中根本没有的裸金属、容器和云原生等概念，但 NIST 这一经典定义，其概念框架依然适用。

2
云计算的下半场

5G 和智能手机，数据中心和云计算，都位于互联网的边缘。过去 10 年，智能手机引爆了互联网消费侧的一系列技术革命，而云计算则引爆了互联网供给侧的一系列技术革命。

10 年来，产业界一直试图让大家相信云计算是未来。而现在，市场已经是用户主动要求上云了。

10 年来，大家需要重点解释和理解的是云计算架构相对传统 IT 架构的区别和优势。那么现在需要重点解释和理解的则是云与云之间的区别，包括公有云、私有云和混合云彼此之间的区别，不同服务商公有云的区别，不同供应商私有云的区别，传统云与云原生的区别及分布式云与边缘计算的区别等。2010 年与 2020 年云计算的市场情况对比见表 3-1。

表 3-1　2010 年与 2020 年云计算的市场情况对比

	2010 年	2020 年
态势	让用户上云	用户主动上云
亮点	云与传统 IT 的优势	甲云与乙云之间的差异

续表

	2010 年	2020 年
技术	虚拟化和虚拟化管理	云原生（容器、微服务器、DevOps）
市场	互联网，小微企业	政府、金融和交通等行业，大型企业
政策	云优先	云敏捷
应用	传统应用迁移	云原生应用

那些已经搭上了云计算这趟车的企业，主要靠的是勇气和实力，多少也需要点运气，它们现在大多数还在云计算延展出来的大数据、AI 和区块链等新赛场上持续拼搏。那些当年质疑"云里雾里"或"云山雾罩"，并没有真正躬身入局的企业，很多已经转行或假装无事发生，心中的滋味只有自己知道。

10 年来，努力吆喝是为了让云计算"出圈"（为大众所接受）。现在，云计算需要"回圈"（回产业圈内），少大声吆喝多低头做事，把云服务进一步锻造成数字社会的基础设施。谷子成熟了就低下了头，同样，云计算成熟了就开始低调了。俗话说，吆喝的不赚钱，赚钱的不吆喝。

从技术来看，云技术从粗放转向了精细。传统技术栈构建的云计算应用包含了太多的开发需求，传统虚拟化平台只能提供基本运行的资源，云端强大的服务能力红利并没有完全得到释放。未来，随着云原生等新技术的进一步成熟和落地，用户可以将应用快速构建和部署到与硬件解耦的平台上，使资源可调度与粒度越来越细、管理越来越方便、效能越来越高。

这些年，公有云已经证明了云计算是靠谱的，但要证明云计算是好使的，还需要针对特定行业、特定应用、特定用户和特定场景等做优化，因此行业云和私有云，混合云和多云管理等会越来越多。

10 年来，一些人有意或无意地误导行业，认为"只有公有云，私有云不是云，私有云是传统 IT"。但我的疑问是满大街都是公共厕所，为什么居民家中还要设置卫生间呢？用户不仅需要公有云带来的专业性、高弹性和高性价比等，还需要私有云等带来的便利性、可控性和数据保护等。

从市场角度来看，公有云的市场格局已经基本确定，从头再进入的机会窗口已经关闭，进步将主要体现在技术的改良性、用户的友好性、系统的易维护性、头部企业排名的波动性、企业间的兼并重组，以及行业生态分工进一步细化等。

对产业而言，如果过去你对云计算"爱搭不理"，那么现在云计算已经让你"高攀不起"。已经"上车"的企业和个人，日子大都不会太难过。人生"最痛苦"的是没有搭上云计算这趟车，但"最最痛苦"的是，后来发现这趟车上还坐着大数据、AI、区块链和数据中心，以及工业互联网、能源互联网、金融科技、智慧医疗和企业数字化转型等诸多"新大佬"。

从政策的角度看，过去 10 年政策的着力点是"云优先（Cloud First）"，政府通过各种政策，要求政府自身和引导企业用户，优先使用云计算这个新型基础设施，"上云是常态，不上云是例外"，其核心目的是引导云计算技术和产业的发展和成熟。现在，云优先的政策目标已经实现，因此政策的着力点将转向"云敏捷（Cloud Smart）"，从推动发展云计算技术和产业转向更好地推动使用云计算，以充分发挥云计算基础设施的价值。

从运营的角度看，云计算运营商将走向"多态"。现在"运营商"一般指运营网络的电信运营商，但已经出现了运营和提供给算力的云服务商和数据中心服务商等。随着云计算和新基建概念的进一步发展，可能还会发展出"边缘计算服务商""算力批发商""算力零售商""算力优化服务商""AI 运营商""区块链运营商""工业互联网运营商"等。

从应用的角度看，从"云移民"转向了云原生。原来云计算所承载的应用，几乎都是从传统服务器（集群）等基础设施上迁移来的。未来，从开发、测试到运营，几乎所有的新应用从一开始就会假设外部环境就是云计算，是采用了容器、微服务和 DevOps 等"云原生（Cloud Native）"技术的。

3

收获的季节

再也没有人说云计算赚不到钱了！不是因为龙头云计算企业赚得盆满钵满，或者大多数企业开始盈利了，而是因为云计算市场格局初定，资本市场对已经成功突围的企业给出了高溢价，而一些云计算企业其实还处于亏损中。

根据中国信息通信研究院 2020 年 7 月发布的报告，2019 年中国云计算整体市场规模达 1334 亿元，增速为 38.6%。其中，公有云市场规模达 689 亿元，相比 2018 年增长 57.6%，预计 2020—2022 年仍将处于快速增长阶段，到 2023 年市场规模将超过 2300 亿元。私有云市场规模达 645 亿元，较 2018 年增长 22.8%，预计未来几年将保持稳定增长，到 2023 年市场规模将接近 1500 亿元。

2019 年，我国公有云 IaaS 市场规模达到 453 亿元，较 2018 年增长 67.4%，受新基建等政策影响，IaaS 市场会持续攀高；公有云 PaaS 市场规模为 42 亿元，与 2018 年相比提升了

92.2%，在企业数字化转型需求的拉动下，未来几年企业对数据库、中间件、微服务等 PaaS 服务的需求将持续增长，仍将保持较高的增速；公有云 SaaS 市场规模达到 194 亿元，比 2018 年增长了 34.2%，增速比较稳定，与全球整体市场（1095 亿美元）的成熟度差距明显，发展空间较大，2020 年的疫情加速了 SaaS 发展。中国公有云市场规模及增速如图 3-1 所示。

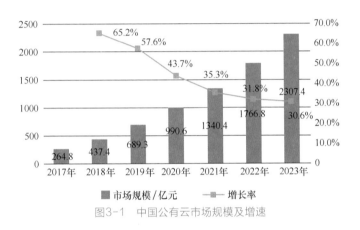

图3-1　中国公有云市场规模及增速

另外，云计算降本增效显著。根据调查，95% 的企业认为使用云计算可以降低企业的 IT 成本。其中，超过 10% 的用户成本节省一半以上，还有超四成的企业表示使用云计算提升了 IT 运行效率，IT 运维工作量减少和安全性提升的企业占比分别为 25.8% 和 24.2%。随着企业上云政策的出台和云计算应用的不断成熟，2019 年已经应用云计算的企业占比达到 66.1%，与 2018 年相比上升了 7.5%。中国私有云市场规模及增速如图 3-2 所示。中国公有云细分市场规模及增速如图

3-3所示。

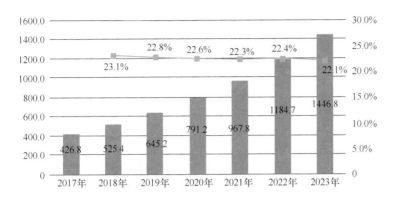

图3-2　中国私有云市场规模及增速

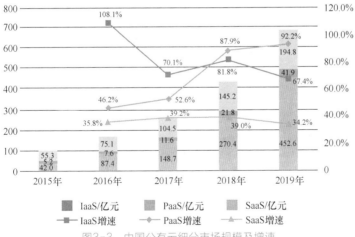

图3-3　中国公有云细分市场规模及增速

云计算是先进生产力,是企业数字化转型的基座。从用户侧看,过去"上云"是先进的代表;但现在,如果还没"上云",

出门都不好意思和人打招呼了。

2020 年，亚马逊约 59% 的利润来自云计算。2021 年 2 月，亚马逊公司发布声明，亚马逊公司 CEO 贝索斯的接班人将是亚马逊云计算业务 CEO 安迪·雅西。而微软公司 CEO 萨提亚·纳德拉在 2014 年接管微软之前也是前公司云和服务器业务的负责人。

4

舞台中央的 SaaS

2006 年，谷歌公司和亚马逊公司推出的云计算，其实是以 IaaS 为代表。而 SaaS 的提出比 IaaS 要早，大约在 2001 年。2001 年，Saleforce 公司开创性地推出了按需订购的 CRM 解决方案，把原来卖软件产品许可的模式变成按照订阅付费模式。SaaS 把软件业从卖产品的第二产业进化到卖服务的第三产业。这种以租代售的软件交易方式，一方面降低了客户成本，另一方面将 SaaS 厂商和客户利益长期捆绑。

产业发展的一般规律是底层技术和产业首先成熟，然后在相对成熟稳定的技术和产业基础上发展出新的技术和产业。IaaS 是 SaaS 的基础设施，因此 SaaS 虽然"出道"早，但一直不温不火，直到 IaaS 已经成熟稳定的今天，用户的关注点开始上移，SaaS 才真正"火"了起来。虽然没有 IaaS 作为基础设施，SaaS 也可以运行，但其效果和价值都会大打折扣。

国外的 SaaS 发展较早，市场模式已经成熟。SaaS 发展模式大致分为 3 类：第一类是传统大型独立软件开发商，以微软、甲骨文和 SAP 等为代表，典型做法是收购 SaaS 服务，以弥补自身在 SaaS 服务研发创新上的不足；第二类是大型云服务商，以 AWS 等为代表，通过在自身云服务的基础上构建新生态，建立涵盖自研 SaaS 服务及第三方 SaaS 服务的云服务市场；第三类是一些创新型的 SaaS 服务商，以 Salesforce、ServiceNow、Workday 为代表，专注于解决企业管理或者运营服务中某一环节的难题。

国内的 SaaS 起步较晚，但近年来发展很快，服务数量显著增长，服务专业性同步提升。国内 SaaS 服务商多深入企业管理与运营的某个环节研发产品，涉及企业资源管理、财务管理、协同办公、客服管理及客户管理和营销等，以期与企业的实际业务需求相结合。

但总体来看，虽然国内 SaaS 服务商在市场份额和技术成熟度等方面与国外 SaaS 服务商依然存在较大差距，具体体现在以下 3 个方面。

一是 IaaS 服务商多源于互联网行业，对传统行业的需求认知仍有待提升。二是创业型 SaaS 服务商，虽然业务创新能力强但品牌效应不够，获客成本较高。三是由传统软件服务转型而来的 SaaS 服务商，虽然具备良好的业务基础但缺乏底层 IaaS 服务的有效支撑。

目前，一些大型 SaaS 服务商纷纷构建 PaaS 平台。基于 PaaS 开发平台，SaaS 服务商能够快速交付定制化需求，通过开放微服务或应用程序接口（Application Program Interface，API）实现 SaaS 服务及系统间的相互集成，实现系统服务间数据打通。

知识芯片

低代码，顾名思义就是用少量代码，或者不用代码就能搭建企业信息化系统的一种方式。低代码的出现是为了让开发效率越来越快，降低门槛，让更多不懂编程的人参与到开发应用这个行列中来。低代码开发平台（Low-Code Development Platform，LCDP）是不需要用复杂的代码和语法，依然可以让用户可以快速、直观地构建具有现代用户界面、集成、数据和逻辑的完整应用程序。大平台的低代码战略也会让更多大中型企业客户具备自研 SaaS 的能力。

除了 SaaS 的平台化趋势，SaaS 服务也在向智能化方向发展。一方面，企业办公、营销、客服管理、呼叫中心、视频监控等 SaaS 服务等均呈现智能化趋势。另一方面，语音识别、人脸识别等技术也逐步以智能 SaaS 服务形式对外提供服务。

新冠肺炎疫情加速了 SaaS 的发展。传统软件部署需要现场实施，周期长且需要接触，SaaS 服务则减少了本地部署所需要的大量前期投入和面对面交付的成本，避免人员的交叉接触，也满足了疫情期间的远程管控需求，用户仅需要接入互联网即可实现软件服务的接入，即时满足疫情防控、企业复工复产、在线教育的各种需求。例如，以智能机器人外呼方式进行居民健康信息摸排，能够帮助社区工作人员将原本 1 天才能完成的收集居民健康信息工作，压缩至 2～3 小时完成，并实现结果的统计分析。

最后我们谈一下 SaaS 的部署模式。公有云和私有云的概念主要针对 IaaS 和 PaaS，早期的 SaaS 没有私有化部署的概念。SaaS 的公有化部署原因：一是自身运维成本，维护大量的私有云环境并且持续升级保障可靠性等，成本会增加很多；二是很多 SaaS 用户都是中小企业甚至个人，经常会出现费用、人员和硬件资源配置不足等现象，影响用户体验。

国内 SaaS 服务商的生存环境相对较差，用户有数据所有权和数据隐私保护等顾虑，也有数据迁移和定制化等需求，因此最近两年国内的 SaaS 厂商开始逐步支持 SaaS 的私有化部署，以消除用户数据保护的担忧，也接受少量 SaaS 定制化需求以获取更大的市场份额。

5
理解云原生

知识芯片

19 世纪末，内燃机最早被应用在马车上，简单替代了马拉车，这种无马马车（Horseless Carriage）适用的交通规则和道路等基本适用于传统"有马马车"。

这种传统"有马马车"思维下的内燃机应用方式不仅让新引擎的价值无法得到充分发挥，而且还引发了更多的新问题，例如，交通事故上升、抛锚、车辆更易损和惊扰马车等。

为适应内燃机的强大动力，当时的科学家开始重新设计车辆架构、优化车轮、操控系统、安全系统和交通规则，铺设"无马马车"专用的高速公路等，逐步创造、发展和完善了一整套"内燃机原生"的交通生态系统，这时"无马"只是其基础性特点之一。

在交通史上，早期是马为车辆提供动力，后来是内燃机为车辆提供动力，未来可能是新能源为车辆提供动力。10多年前，传统服务器为应用提供算力，现在则是云计算为应用提供算力。与机动车的发展史类似，云计算也正在经历"Serverless"（无服务器）的过程，迈向"云原生"的时代。

云计算上的早期应用多是从传统IT基础设施（例如，物理服务器或服务器集群）上迁移来的。这些传统应用在当年设计实现时，假设的运行环境不可能是云计算，因此当把这些应用迁移到云上时，导致出现了两个重要的问题：一是传统应用水土不服，"上云"后的效果打了折扣；二是云计算作为新型基础设施的价值没有充分发挥出来。

随着云计算的发展成熟，为了解决老应用与新型基础设施在弹性可靠、去耦合、易管理、可观测和交付效率等方面的失配问题，于是便有了云原生的概念，由来自Pivotal公司的马特·斯汀在2013年提出，并在2015年由谷歌牵头成立了云原生计算基金会（CNCF）。

云原生是应用设计的一种思想理念，其目标是探寻云应用设计的最佳实践路径，以充分发挥出云计算的效能，就像历史上要充分发挥内燃机的效用一样。云表示应用位于云上，而不是传统数据中心或服务器；Native表示应用从诞生就是云计算的"土著"，而不是从传统IT架构"移民"到云上的。

云计算是算力引擎，是基础设施，这是从产业侧和供给侧观察的结果。云计算关注的是如何建设好云模式的计算基础设施。云原生是算力的应用，这是从用户侧和需求侧观察的结果，关注的是如何帮助企业充分利用好云计算基础设施，构建出弹性可靠、去耦合、易管理、可观测的应用，以提升交付效率和降低运维复杂度等。

作者与CNCF基金会Chris Aniszczyk先生于2018年3月共同签署合作备忘录

　　云原生是一种实践活动，典型的外部技术特征包括容器、不可变基础设施、服务网格、声明式 API 及 "Serverless" 等。早期的云原生技术主要集中在容器、微服务和 DevOps 等技术领域，如今已扩展至底层技术、编排及管理技术、安全技术、监测分析技术和场景化应用等。同时，细分领域的技术趋于多元化发展，例如，在容器技术已经逐渐演进出安全容器、边缘容器、"Serverless" 容器和裸金属容器等技术形态。这时，"Serverless" 也就只是云原生的基础性特点之一。

　　根据云原生产业联盟相关调研数据，2019 年我国云原生产业市场规模已达 350.2 亿元。根据高德纳咨询公司的预测，2020 年有 50% 的传统老旧应用被以云原生化的方式改造，到 2022 年将有 75% 的全球化企业将在生产中使用云原生的容器化应用。云原生已成为新常态，容器化需求从行业头部企业下沉到中小规模企业，从领先企业尝鲜变为主流企业必备。

20 余年来，互联网也经历了云原生类似的过程。早期的互联网应用也都是从邮政业、广告业、电信业和广播电视业等领域直接迁移过来的。

到了 2010 年前后，"互联网思维"兴起，其本意是希望能够设计出"互联网原生"的、充分发挥互联网价值的技术应用架构、工程实施流程、企业组织形态和内部管理模式等。例如，早期的 IP 电话是从传统电信网迁移到 IP 网络的应用，还具有很多传统电话的特征，而演化到今天的微信、语音通信等则明显是互联网原生的话音服务了。

中国人虽然没有发明互联网，但发明了"互联网思维"，或许"互联网思维"对应的英文翻译就应该是"Internet Native"。从"无马马车"到现代机动车，从交通到通信，从"Internet Native"到"Cloud Native"，从公用通信到公共计算，历史总是"押韵"的。

"Cloud Native"之后的未来，可能是"Blockchain Native"（区块链原生）了，毕竟技术栈本来就是这样的：Blockchain over Cloud over Internet（区块链在云之上、在互联网之上）。

6
边缘计算的筐

成功的技术都是一样的，不幸的技术各有各的不幸。而所有成功技术的共性问题之一，就是其本来很清晰的基本概念会被后来的各种势力不断延展甚至扭曲，变得模糊甚至狰狞起来。

边缘计算的概念在初长成时，是很单纯的，就是一个相对于云计算的概念。云计算这种集中式计算带来了规模效应下的计算低成本和弹性灵活等好处，但缺点是在一些场景下由于距离用户较远，无法满足用户计算实时性（车辆的自动控制）等的需求。

随着云计算的逐步发展成熟和应用，到 2014 年前后，边缘计算概念问世并且迅速得到广泛接受。这时的边缘计算是指在靠近数据源头的一侧就近提供服务，以获得更快的网络服务响应，满足应用的实时性等需求。

"边缘"是一个相对于"中心"的概念，这个"中心"只能是云计算和数据中心（支撑云计算的物理基础设施），不是其他什么的中心。需要在边缘做计算的目的主要是实现更好的实时性，而不是其他目的。

云计算和边缘计算都是互联网的一部分。任何一个具有网络属性的系统设计都会被分为网络（只面向网络内部）和终端（同时面向网络和用户）两大部分，包括传统电信网、广播电视网和互联网，甚至交通、电力和能源网等，在系统设计前都会面临一个灵魂拷问：应该将更多的控制、复杂性和计算设置在网络里面成为网络的一部分，还是设置在网络边缘成为终端的一部分？

设计在网络里面还是网络边缘二者各有利弊。于是，业界就被分成两大流派，分别是传统电信网和传统互联网。

传统电信网主张，位于中间的通信网络应该担负尽可能多的职责（即计算），位于网络边缘的电话和计算机等尽可能地"傻瓜化"，因为这样做可以让用户获得更好的网络服务品质和安全性，同时减轻用户的责任。但当初互联网设计者的想法则正好相反，他们认为位于中间的通信网络应该尽可能地少干活和"傻瓜化"，把尽可能多的职责交给网络边缘的终端（那时是计算机），以让用户获得更多的控制权和创新能力。

这里之所以给互联网前加上"传统"的定语，是因为商业化后的互联网，虽然公开"继承"了"计算在边缘"的基本"信仰"和框架，但却"心口不一"，一是计算向网络中间不断聚集（例如 CDN、防火墙和网络地址翻译设备等），二是计算在网络的边缘也开始聚集。当然，计算向网络中间聚集和计算在网络边缘聚集，更多的是商业方面的原因，是互联网从教育科研走向商业化的必然选择。

从互联网的架构看，由于计算在网络边缘聚集，云计算已经吸引了两种计算需求。一方面，把原来位于数据中心服务器上不同应用或不同用户的计算需求聚集到云端；另一方面，将计算从用户手中的边缘设备（即终端，例如计算机／智能手机），在网络上飘过从而聚集到云端。

知识芯片

边缘计算本是相对于集中式的云计算而言的，但从互联网的角度来看，云计算位于网络的边缘，也是边缘计算。

需要强调的是，云计算并没有将计算"复古"嵌入网络，而是把计算聚集到网络边缘的数据中心，因此现在也就有了"云网融合"的概念，希望在网络中也有云的身影。

中央集中式的云计算已经被市场证明是成功的。但技术只是选择，没有好与坏，没有对与错，成功的技术只是适者生存的结果而不是原因。中央集中式的云计算的缺点，也很快显现出来，即对一些应用响应的实时性不够等。因此，边缘计算是对"一刀切"的云计算的一次"纠偏"：计算不能过于集中。

相对于公有云，私有云相当于已经在做边缘计算了。

现在，随着边缘计算概念的普遍应用，这一概念也被广义化了。标准组织、开源社区和诸多企业，也纷纷推出自己边缘计算的概念、标准、产品、服务和代码等。维基百科定义的边缘计算是将原本完全由中心节点处理大型服务加以分解，切割成更小与更容易管理的部分，分散到边缘节点去处理。边缘节点更接近于用户终端装置，可以加快资料的处理与传送速度，减少时延。

随着新基建尤其是 5G 的兴起，将强力拉动边缘计算的发展。换句话说，5G 时代集中式的数据存储和处理模式将不再满足现实应用需求，边缘计算的概念开始兴起。高德纳咨询公司的数据显示，2021 年已有 40% 的大型企业在项目中纳入边缘计算，而到 2022 年，边缘计算将成为所有数字业务的必要需求。

另外需要注意的是，不是所有位于网络边缘的就是计算，不是所有位于网络边缘的计算就是为了提高实时性，也不是把计算放在边缘就近响应的实时性一定就会更好。

当前，一些人一味夸大边缘计算的价值，认为应用要尽可能地就近提供服务，这完全是一种误导。反过来思考，如果一切服务应该就近提供，那么还要互联网干什么？还要市场和贸易干什么？云计算和边缘计算各有利弊，谁也替代不了谁，二者必将长期共存，并且可能逐步融合成"分布式云"。

　　我们还需要思考的是，边缘计算到底是不是普惠型基础设施和应用？从属性上看，边缘计算是网络，是新基建的一部分，也应该具备公共性、基础性。因而，在发展边缘计算的过程中，产业界不能"在商言商"，也要为"边缘地区"的人群提供普惠的服务，支撑各行各业的数字化转型。

7
小结

虽然技术没有起跑线，但是普遍流行的云计算的诞生时间却有迹可循，2006 年，因为两个标志性事件：一是亚马逊向市场推出了 AWS 业务；二是时任谷歌公司 CEO 的埃里克在搜索引擎大会首次提出"云计算"的概念。

到 2021 年，全球云计算的市场规模已经达到 2500 亿美元，预计 2023 年将达到 3500 亿美元，复合年增长率约 18%。另外，云计算技术也一直在发展演进中，早年云计算技术约等于虚拟化技术，而近年来以容器、微服务、DevOps 为代表的云原生技术广受关注，云边协同的分布式云快速上升。

我国已经应用云计算的企业占比达到 66.1%，95% 的企业认为使用云计算可以降低企业的 IT 成本。2020 年 3 月，工业和信息化部印发《中小企业数字化赋能专项行动方案》，该文件鼓励建设针对中小企业数字化转型的云服务平台。2020 年 4 月，国家发展和改革委员会首次正式将云计算纳入新型基础设施。

经过 10 余年的发展，云计算已经走过了一个完整的 Gartner 技术曲线图，从触发期、期望膨胀期、幻灭期和爬升期，到了最后的技术成熟期。技术主导的云计算时代后，就该是由市场主导的云计算时代了。

判断云计算是否已经成长为"像水电那样提供计算服务"的新型基础设施，云计算市场是否红利消失，趋于饱和，大致可以从以下 4 个方面观察。

一是从全社会的角度看，衡量 GDP 的"硬"指标，尤其是衡量数字经济发展的指标，是基于"用云量"或者说"算力消耗量"的，而不是看"用电量"。

二是从行业角度看，计算的公共服务要占绝对主体，公有云的市场体量已经远远大于私有云的市场体量，例如，二者之比已经大于 9∶1 了，但 2020 年，中国公有云与私有云市场的体量二者还大致相当，二者之比约为 0.9∶1。

三是从企业的角度看，企业数字化转型的结果之一，企业开始将自己的"信息中心"也看作"后勤保障部门"，算力维护和电力维护同属一个部门。

四是从个人的角度看，"算工"和"电工"的工作职责越来越类似。"算工"的主要责任不再是研发和建设算力，而是维护算力的正常供给，因此"算工"的"工"不再是"工程师"了，而是"工人"的"工"了。

到 2030 年后，云计算已是基础设施的重要组成部分了，已无缝嵌入我们的日常生活、工作与学习中。但新技术大都是用来解决老问题的，还会不断产生新问题，那时的云计算也会带来新情况、新问题。

例如，那时我们可能会讨论如何统一算力的度量衡"算度"，如何缩小云计算带来的"算力鸿沟"、云计算的普遍服务、算力的网间结算、筹划"国家算网公司""全球算网公司"、打造绿色节能的云计算、做好云计算与电网的"云网融合"等。那时的我们也可能会只关注计算，而不再关注是否是以"云"的方式，因为用"云"的方式提供计算早已不先进，相对当下已是落后的技术了。

"云"终将老去，而"计算"将永生。

第四部分

软件的演进

显然，开源已经成为建立技术生态的"核武器"。

　　开源是软件生成的新内容的模式，是新的生产方式，也是新的交付方式。经过 20 余年的发展，开源产业已经成为软件业的主流趋势，全球 97% 的软件开发者和 99% 的企业使用开源软件。并且，开源已经从软件开源，延伸扩展到硬件、数据等各个领域。

　　软件定义未来世界，开源引领软件未来。

1

软件是赠品

　　1936 年，图灵从理论上证明了制造一台通用计算机是可行的。1945 年，冯·诺依曼从实践中提出了程序存储的思想并成功实现。于是今天的计算机、智能手机、服务器和传感器都只是"图灵机"的物理实现，几乎都采用了"冯·诺依曼架构"，这些设备都是由硬件和软件组成的。

1951年，阿兰·图灵（站立者）和同事在费伦蒂马克一号
（Ferranti Mark I）计算机前工作

　　为了让计算机能够理解人的意图，人类就必须将需要解决

问题的思路、方法和手段告诉计算机，使计算机能够根据人的指令一步一步去工作，完成某种特定的任务。这种人和计算体系之间交流的过程就是编程。

就像通过算盘计算时需要人工拨算珠，"人在算，盘在存"，早期的计算机也需要人，在一块巨大的面板后，手工控制开关和插拔线头，可以看作在用线路等硬件做"硬件编程"。而冯·诺依曼架构的计算机将这一过程自动化了，省去了人工拨控开关和插拔线头的步骤，把指令按照需求排列起来，然后按照顺序存在计算机的存储单元中，之后开机执行，可以看作是用程序进行"软件编程"。

从计算机诞生到 20 世纪 70 年代，计算机的创新大多体现在硬件方面，这是一个由 IBM 等公司主导的"硬件编程"的黄金时代，市场竞争主要比拼的是硬件参数（例如，CPU频率、存储空间和浮点运算能力等）。那段时期，IBM 公司占领了美国 70% 的计算机市场（大型机），"IBM 就等于计算机"，媒体戏称计算机市场是"IBM 和七个小矮人"。

计算机硬件是一种平台化的通用电子产品，完全符合大众工业品尤其是电子产品的特点：功能明确，边界清晰，看得见摸得着，单体成本容易量化，可大规模研发生产。硬件就是标准的工业产品，其商业模式与传统工业品几乎完全一致：那就是卖产品。

软件与硬件如此不同，以至于那个时代的业内常识是，没有人能单靠卖软件赚钱，因为要为每个客户专门定制，或者是由计算机生产商随机赠送。历史上最早的独立软件商就是为美国政府和美国大型企业做开发定制、技术咨询和软件维护等，销售收入是来自项目而不是软件销售，不可复制也几乎无法移植。

这时虽然已经出现了售卖产品的软件商，出现了软件产品的基本定价规则、售后维护和法律保护基本规则，但绝大多数软件还是由 IBM 开发并且随硬件一起打包赠送的。

这时，计算机厂家赠送给用户的软件都是"开源"的，一种原始状态的开放，其中的原因也是多方面的：首先是文化层面的，当时主流的计算机文化认为，软件是知识而不是产品，开放共享是理所当然的；其次是技术层面的，当时附赠的软件多是用机器语言编写的，只能运行在特定厂家特定类型的机器上；最后是用户层面的，开源可以方便用户根据需要，自己完善软件功能，或者协助发现软件缺陷。

这时软件的来源主要有 3 个：一是计算机制造商购买机器时赠送的通用软件和工具软件；二是计算机制造商协助其客户开发的软件；三是客户自己或找其他公司帮助开发的应用软件。

在"软件是赠品"的时代，软件不是来自计算机厂家，就是自己找人做定制化开发。但到了"软件是产品"时代，软件多了"第四来源"，并且逐渐成为市场主流，即客户开始从硬件公司以外的卖主直接购买标准化的软件。

2

软件是商品

到了 20 世纪 70 年代中后期，随着计算机硬件技术的发展与成熟，计算机生产企业越来越多，硬件主导计算机发展的时代正在过去，控制系统的软件变得越来越重要。软件相对硬件，不再是"轻于鸿毛"而是"重于泰山"了，"买计算机送软件"越来越不现实了。

首先，**从市场角度看**，计算机厂家已经送不起了。计算机的用途开始由服务于军事、科研、政府和大型企业，服务于计算任务和办公需求等，扩张到服务于中小企业甚至个人，服务于企业内部管理、数据管理、通信和娱乐等。

这时除了 IBM 之外的大多数计算机生产厂家，即使想赠送软件，也存在技术、生产和开发成本等困难。尤其到了 20世纪 80 年代初期，个人计算机的爆发式增长，个人消费类软件的类型、数量和工作环境更是难以想象了。

其次，**从技术角度看**，向用户赠送"开源"软件经常会帮到竞争对手。随着硬件日益成熟和开放，在计算机整机的生产中，研发的比例快速下降，像传统工业企业那样组装零部件的成分在明显上升，技术门槛的快速降低使计算机生产厂家急剧增多，硬件差异性越来越小，要靠打品牌和软件来体现差异性。尤其是 IBM 计算机兼容机的出现，让计算机市场在硬件层面的竞争几乎透明化了。

如果某家计算机厂家还奉行赠送"开源"软件的模式，很容易被"友商"搭便车，几乎可以不加修改地直接放到自己的计算机上。屋漏偏逢连夜雨，这时的计算机编程语言也从与不同机器强相关的机器语言，发展到与硬件细节无关的"高级语言"了，这让移植（即抄袭）变得几乎没有任何技术门槛了。

然后，**从发展政策看**，开始保护软件权利。随着软件用户的急剧增加和通用软件的兴起，盗版开始泛滥成灾，早在 1964 年，美国版权局就开始正式接受计算机软件的版权登记，美国国会在制定《1976 版权法》时开始纳入了"数字"形式的文字作品，在 1980 年的修正案中明确了对计算机软件版权的保护，并且从法律角度给出了计算机软件定义，即"计算机软件是一系列陈述或指令，可以直接或间接地使用计算机，以达到某种特定的结果"。

最后，**从监管看**，开始对 IBM 进行反垄断调查。早期计算机的发展历史几乎就是 IBM 计算机的发展历史。"买硬件送软件"的模式无法让新兴的软件产业独立发展，最大的受益者是处于垄断地位的计算机公司，当时就是 IBM 公司。美国司法部从 1969 年开始持续对 IBM 进行反垄断调查，指其在计算机市场上存在反竞争行为，打破了 IBM 公司软硬件捆绑的策略，IBM 公司再也不能"免费"赠送软件了。

计算机即将从硬件进入软件时代，法律开始保护软件的知识产权了，监管层面已经不允许软件与硬件捆绑了，一个属于软件的辉煌时代就要到来了。

3
软件产业的独立运动

在严肃的技术圈里，诞生了一家著名的社交网站——GitHub。GitHub 是一个面向开源及私有软件项目的托管平台，这里是程序员们的天堂。GitHub 是众多开源基金会的代码托管平台，程序员们喜欢把自己的代码贡献到基金会，基金会把代码托管到这里，GitHub 是代码托管的仓库。对程序员们来说，GitHub 就像是一个在网络上的聚会胜地，GitHub 是他们的社交平台。娱乐明星圈粉是在微博上，开源"大牛们"的"粉圈"就是在 GitHub 上。在这里能看到一些技术过硬的程序员写的开源代码，开源"大牛们"收获了顶礼膜拜，在此轻松"圈粉"，程序员们在这里交友互动。

2018 年 6 月 4 日晚间，微软宣布，用 75 亿美元的股票交易收购代码托管平台 GitHub，就在业界对这笔收购的轰动效应还没有平息的时候，时隔 4 个月，IBM 公司宣布以 340 亿美元的价格收购开源软件供应商红帽，并造就了 IBM 公司迄今为止最大规模的收购案。

IBM收购红帽：红帽将作为独立部门加入混合云团队

开源到底是怎么了，为什么一下子就变得如日中天？遥想1983 年的那个春天，GNU（GNU is Not Unix）宣言的发表标志着开源正式诞生，然而这个时间，也如同开源过去这些年的沉寂，很多人也都已经记不起来了。GNU 宣言的出现，要从贝尔实验室说起。1969 年，贝尔实验室的工程师肯·汤普森带领团队开发出一种分时操作系统，命名为 Unix。在此后的 10 年，Unix 逐渐流行起来，被很多学术机构和大型企业使用。那个时候，贝尔实验室迫于《反垄断法》，不能从事电话服务领域以外的商业活动，这一法令导致 Unix 无法成为商业产品，因此贝尔实验室将 Unix 的源代码贡献出来，允许他人对源代码进行修改和再发布。Unix 在这样的环境下反而得到快速成长。

好景不长，贝尔实验室所属 AT&T 公司迫于《反垄断法》

的压力，被分拆成好几家公司，不再受《反垄断法》的限制，AT&T 发布了 Unix 最新版 System V，不再将 Unix 源代码授权给学术机构，公司律师开始采用种种手段将 Unix 变成一种商业机密。于是，就有了上面所说的 1983 年的 GNU 计划。1985 年理查德·马修·斯托曼创立了自由软件基金会，GNU 通用公共许可证（General Public License，GPL）也随之诞生。1991 年，Linux 与其他 GNU 软件结合，完全自由的操作系统正式诞生。GNU 宣言的发表，其实表达的是 Unix 的开发者和用户反抗软件商业化的一种意志，他们希望自由地共享源代码，以协作的方式共同合作开发 Unix 系统。有意思的是，这个阶段也恰恰是微软开始一路走红的过程。

同样受《反垄断法》的影响，从 1969 年起，IBM 公司为《反垄断法》的起诉所困扰，被迫将软件和硬件部门分离。1980 年，IBM 公司推出个人计算机，植入微软的 MS-DOS 作为操作系统，正是此举，成就了微软。1984 年，微软的营业额达到 1 亿美元。

比尔·盖茨和理查德·马修·斯托曼是哈佛大学的校友，在同一个时代背景下，他们选择了不同的道路。理查德·马修·斯托曼崇尚自由，而比尔·盖茨极力维护软件版权制度，这是那个时代社会对知识产权认可的一种表现，比尔·盖茨因此开创了软件的商业模式，成为软件行业的开创者，一时间，让这一行业迅猛发展，与此同时，比尔·盖茨也获得了那个阶段的成功。

时至今日，微软收购了全球最大的开源社区 GitHub，态度来了 180° 大转弯，但并不意味着这两位校友已经冰释前嫌。2019 年 9 月 4 日，理查德·马修·斯托曼被邀请到微软演讲，他给微软提出了 10 条建议，仍然固执地要求微软收回在 2000 年对 Copyleft（一种利用现有著作权体制来保护所有用户和二次开发者的自由的授权方式）的攻击。

两位校友的恩怨不管是否可以"一笑泯恩仇"，但放眼看去，在如今互联网的世界里，开源软件及开放的生态已经获得了业界广泛的认同。

软件产业的正式诞生的标志性事件：一是 IBM 公司将硬件和软件分开定价；二是数据库软件的崛起；三是微软公司的创立。

IBM 的决策

在一个创新不断的计算机行业，可以小错不断，但绝不能犯战略性错误。1969 年 6 月，为避免垄断指控，但更可能是为了适应计算机技术环境大变化而做出的商业战略，IBM 公司宣布，从 1970 年 1 月起，为软件和服务与硬件分开定价，软件不再是"赠品"了。

IBM 的这一决定，标志着"软件是商品"时代的正式开始，使第三方公司开发和营销软件产品变得更容易了。软件不再免费，用户不仅要为购买硬件付费，也要为购买软件付费，即使该软件是计算机卖主开发的，也需要付费了。

在 IBM 做出软硬件分拆的决定后，新的软件公司几乎立刻兴起。

数据库浪潮

软件商品化的第一波浪潮，是从数据库领域开始的。一是数据库系统在技术上很复杂，计算机公司虽然也自研但很不擅长；二是数据库具有很强的通用性，几乎所有行业都需要。对手够弱，市场够大，20 世纪 70 年代早期出现了多家活跃的独立数据库公司，有的甚至活到了现在。

数据库是随着 20 世纪五六十年代，美国的"登月工程"等大型项目而生的，并且逐步从军事场景普及到民用领域。1961 年，美国 GE 公司研发的第一个数据库系统 DBMS 诞生。1976 年霍尼韦尔公司开发了第一个商用关系数据库系统——Multics Relational Data Store。1978 年，拉里·埃里森发现了关系型数据库的商机，并且创立了甲骨文公司，并在短短十几年间，甲骨文公司成长为世界级的企业软件巨人。

30 年来，数据库市场经过不断地并购重组和市场竞争之后，逐渐形成甲骨文公司、IBM 公司和微软公司三足鼎立的局面，直到互联网的兴起对数据库提出了新需求，这一局面才被打破。

微软与操作系统

苹果公司于 1976 年发明了计算机，垄断了欣欣向荣的计算机市场。直到 1981 年，姗姗来迟的 IBM 公司在设计计算机时，采取了与苹果公司计算机完全开放的技术路线：CPU 采用英特尔公司的芯片而不是自己的芯片，操作系统采用微软公司的 DOS，其他元器件也全部从市场采购，同时把计算机交由外部经销商（例如希尔斯百货）等销售。

IBM 公司采用开放技术，一方面是为了快速追赶苹果计算机的市场需要，另一方面是对持续多年的反垄断调查的忌惮。

IBM 公司的"开放硬件"使复制一台计算机变成现实，不仅使"攒机"的计算机生产商如雨后春笋般出现，更重要的是绝大多数生产商采用了英特尔公司的 CPU 和微软公司的 Windows 操作系统，独立芯片厂家和独立操作系统厂家顺势崛起并垄断了市场。

操作系统管理着计算机的硬件和软件，管理着与其他计算机的通信，是计算机与人的交互界面。比尔·盖茨很早就意识到，软件将继硬件之后成为计算机发展的核心引擎，核心是操作系统，是"百软之王"。操作系统即产品，微软依靠售卖 DOS 和 Windows 等操作系统软件崛起，其产品多次位列市值第一，而比尔·盖茨多次成为世界首富。

早在 1976 年 2 月，比尔·盖茨给计算机爱好者们写了一封公开信，抱怨未经授权使用微软 BASIC 的情况太普遍，"使用而未购买 BASIC 的用户"超过了 90%，出售软件版权费算下来开发人员的劳动每小时只值 2 美元。这封信被看作软件通过商业授权获取收入的标志性事件，是软件走向产业化的重要标志。

为了自身的利益，微软公司售卖的 DOS 和 Windows 等基础设施类的软件产品走向了闭源之路。IBM 公司打开了计算机开放的大门，成就了英特尔公司和微软公司两大巨头，但微软等软件公司却关上了软件"开放"的大门，甚至搞起了 Wintel 联盟一起来"作恶"。

4
产业化的代价

任何一个领域，如果走向产业化就会被商业"玷污"，如果走向金融市场就会被资本"裹挟"。

软件从赠品走向产品化后，本质上采用的是工业品的定价模式：给软件定以较高的一次性购买价，以及相对较低甚至为零的后期维护费。同时，针对软件的新特征产生了一些新做法，例如，发明了"版本控制""许可控制""二进制代码"和"禁止逆向工程"以及 Wintel 生态联盟等。

但工业品定价模型有一个基本假设：工业品的生产成本远高于后期的维护成本，这一比例在软件业完全是颠倒的。在一个软件的生命周期中，开发一个软件只占总费用的 25%，超过 75% 的是后期的维护成本。软件业套用工业品商业模式的后果就是，以固定的一次性销售收益，支付永无期限的服务成本黑洞。

谎言导致更多谎言，错误导致更多错误，软件的发展模式因此被扭曲。一个软件质量越高，售后服务越好，用户使用的时间就越长，后期维护成本就越高，软件企业的收益因此而越低。

这种现状直接导致软件厂家做出以下的利益选择。

- 争取把定价设置得高一些。把尽可能多的功能打包在一个软件套中，为创新而创新，无论用户是否用得上。
- 争取多卖些。采用版本控制，打击盗版，把 N 个 Bug 打包在一起当作一个新产品等，争取多卖些 Copy（复制品）。
- 争取"短命"些。主动不断升级版本号，或与硬件厂家"合谋"浪费硬件资源等，尽可能地缩短软件的生命周期。
- 争取卖模糊些。采用二进制闭源模式，让用户难以做出价值判断。
- 争取难用些。软件卖出后，尽可能地降低后期维护服务的品质，或者提高获得服务的门槛，或者"逼迫"用户升级。

软件企业的核心追求被扭曲了，变成去研发销售价值更高、实际使用价值更低的软件，以寻找尽可能多的购买者以及尽可能少的实际使用者。于是，销售的软件变得越来越臃肿，95% 的功能 95% 的用户永远也用不上，但却必须付费购买。同时，软件的 Bug 貌似越来越多，运行速度越来越慢，生命周期越来越短，售后服务的品质越来越差。

用户需要的是墙上的一个"洞"，你却给了他一个"钻头"。软件本是第三产业，却误用了第二产业的商业模式，这为后来的"软件即服务"的云计算革命埋下了伏笔。而微软公司、IBM 公司、甲骨文公司和 SAP 公司软件业的"四大天王"，因为软件产品的特殊性，对软件的使用、修改、复制和分发做了种种限制用户自由的动作，尤其是封闭代码的行为，首先引发的就是一场软件自由化的革命。

5
自由软件

采用只向用户提供二进制代码、禁止逆向工程和版本控制等方式，极大限制用户自由使用软件权益的商业模式，长成了赚得盆满钵满的全球性软件巨头，不仅从思想上"背叛"了开放共享的计算机传统，而且抑制了全球软件业的创新和发展。

伴随 20 世纪 80 年代全球性的社会开放思潮，一场解放软件用户、反对软件封闭的"自由软件"运动由此掀起，领袖是理查德·马修·斯托曼。

版权法默认是禁止共享的，没有许可证的软件就等同于保留版权。因此，所有软件都会带有授权许可，允许或禁止用户做什么。自由软件运动反对将软件私有化的一切形式，包括知识产权、版权和申请专利等。具体做法是巧妙地应用版权法来反对版权，用版权声明软件是某有版权的：任何人都拥有运行、复制、发布和修改自由软件的权利，并且任何人都能够得到自由软件的源代码。这就像公开发表一篇文章，一般会注明"未获作者同意，禁止转载"或是"欢迎引用，但需注明出处"等。

为了表达对软件版权（Copyright）的憎恶，理查德·马修·斯托曼甚至生造了一个单词 Copyleft，还创造出了 GPL 许可协议来保证和保护同道中人彼此能够共享软件产品。GPL 的基本原则是，你可以"自由"地运行、拷贝、修改和再发行使用 GPL 授权的软件，但你也必须允许别人也能"自由"地运行、拷贝、修改和再发行该软件，以及你在该软件的基础上加以修改而形成的衍生软件产品。

自由软件的核心主张赋予用户充分的自由权，适应了时代的潮流。但自由软件给出的解决方案是反对版权化和商业化，却是不现实的。

在第一个时代，软件是知识，没能与商业有机结合，被当作计算机的赠品了。在第二个时代，来了一个 180° 的转弯，软件只是财富，没能发挥知识的作用，严重限制了知识的共享、传播和创新。自由软件是对软件认知的又一次 180° 转弯，是想褪去当时软件沾染上的"铜臭味"，从第二个封闭的商业时代回到原始的开放时代。

自由软件运动引领了新思潮，但却开出一剂"老药方"。

开源软件

到 20 世纪 90 年代后期，20 余年软件发展的历史已经清楚表明，软件既具有公共知识的属性，也具有财富的属性。20 世纪七八十年代，以闭源软件为代表，刻意强调保护版权和专利等软件的财富属性，会抑制软件业的创新和可持续发展。20 世纪八九十年代，以自由软件运动为代表，刻意强调软件的知识属性，希望回到 20 世纪 60 年代前软件能够自由地"开放共享"的原始黄金岁月，这会让软件业的发展失去商业力量的支持。我们生活在一个商业社会，一个知识"爆炸"的社会，计算机及软件技术的发展日新月异，虽然软件业不可能回到原始状态，但在自由软件运动的启蒙下，出现了第三条道路：开源软件。

开源软件在开放代码和商业化之间做了折中。相对于商业软件，开源软件在发行时附上软件的源代码，并授予用户使用、更改和再发布等权利。相对于自由软件，开源软件的大多数授权协议允许版权和专利等的存在，不反对将软件私有化和商业化。开源软件对私有化的"红线"是必须开放源代码。

自由软件和开源基本上是同一范围的程序，它们共同的"对手"是闭源软件。然而，出于不同的价值观，它们对这些程序的看法大相径庭。自由软件是一个"道德底线"，是对用户自由的基本尊重，是为用户的计算自由而战斗，是为自由和公正而战的运动。相反，开源哲学认为非自由软件之所以不好，是因为它们采用了一种劣等的开发方式，重视的是实用优势而非原则利害。自由软件运动领袖理查德·马修·斯托曼是这样描述二者的区别的。

开源奉行的是实用主义价值观，允许商业化的，许可要求比自由软件宽松一些，构建了多种许可证以满足不同的场景需求。结果，自由软件成了对用户限制最严格的一类开源软件，成了开源软件的子集。在流行的开源许可证中，只有 GPL 许可的开源软件是不能作为商业用途的，其他的开源软件虽然有限制但也是可以使用的，例如，Apache License 2.0，允许修改代码并作为开源或商业产品再发布或销售。

1991 年，赫尔辛基大学一名叫林纳斯·托瓦兹的学生，在开源软件基金会的支持下，开始为"386"机器开发自由的 Unix 内核，并得到互联网黑客们的支持，共同开发出一个全功能的操作系统 Linux：源代码完全免费并且可以再发布。1993 年，Linux 已经在可靠性方面与商业版的 Unix 媲美。现在，Linux 已经成为迄今为止影响最大的开源软件，并且成为后来 Android 等系统的基础。

经过 20 多年的发展,全球已经有 35 家超过 1 亿美元的开源商业公司。根据全球最大的代码托管平台 Github 的数据,2020 年全球开源代码库为 2 亿个,年增长率 42.8%;程序员有 5600 万,年增长率为 40%。另外,Linux 占据 100% 的超级计算机市场,82% 的智能手机市场。DB-Engines 的数据显示,到 2020 年年底全球开源数据库和商业数据库市场份额各为 50%,其中,全球开源数据库为 185 个,商业数据库为 175 个。到 2020 年年底,AI 领域的开源框架 TensorFlow 和 Pytorch 脱颖而出,分别在学术界和工业界得到广泛应用,稳居深度学习库的前茅。

6

开源占据基础设施

开源是从反商业的自由软件运动"修正"而来的，其最初目标是打破闭源软件公司的垄断。因此，在开源运动的初期，商业软件巨头普遍采取略带敌意的态度。但最近几年，传统软件巨头对开源的态度发生了逆转，从排斥走向了积极拥抱，尤其是在基础设施类的软件方面。

任何产业在发展初期，因为技术不公开，市场不大，很容易被少数几家先行者垄断。但随着市场拓宽和技术拓展，越来越多的企业就会拥有自己的独占技术和势力范围，企业开始相互割据、相互竞争又相互牵制。但每家的"技术根据地"呈现割据的局面，导致彼此兼容或互通的成本很高，也降低了用户的信任度，阻碍了整个产业向前发展。

因此，当一个产业发展到一定规模并相对成熟后，市场上的主要竞争者（即剩下的成功者）就会意识到，既然谁都无法垄断，谁也"吃"不掉谁，技术市场又趋于成熟，大机会、大创新和大颠覆也不多了，那就彼此合作争取制订"统一"的规范，让技术上彼此兼容、彼此互通，在市场彼此竞争、彼此割据。只有统一底层技术，才可能成为真正的基础设施，才可以让"上层"应用放心地发展自己，才可能把整个产业做得更宽，把蛋糕逐步做大。

通信、硬件和互联网业如此，软件业也是如此。软件业发展到 20 世纪末期，底层基础性技术的范围一直在拓展，渐渐地一家公司无力独立开发了，需要社会化开放协作，当然更没可能垄断市场了。如果底层技术还不统一开放，不仅导致兼容性和互操作性成本激增，而且底层黑盒的二进制代码软件会让合作伙伴、上层软件开发者和用户都顾虑重重。

如果软件公司把底层技术开源，一方面可以吸引更多人来帮忙开发、测试和维护，降低成本、提高程序品质，提高软件透明度和信任度。另一方面，通过口碑传播，吸引更多人使用自己的底层技术和开发上层的应用软件，用网络效应来排挤竞争对手。

但底层技术开源的核心目的是引流而不是盈利，但企业最终还是要盈利的，只是换了一个打法和一个主战场而已，将竞争的焦点转移到上层业务和新兴的技术领域，而应用程序还是闭源的，还是核心技术秘密。

"底层开源，应用闭源"，前者用于导流，后者用于盈利，开源与闭源成了软件巨头的标配，并且这一过程是可持续的。上层应用本已"交底"给开源了，但如果慢慢做成功、做大了，就会形成平台、形成新底，然后就是又一轮的"新底开源，新应用闭源"。

早期的开源主要是底层的操作系统和数据库等，现在则已经是云计算、大数据、区块链和人工智能框架等。因为这些技术也已经是新型基础设施了，是"新底"了。因此，随着技术的发展，开源软件的"底"是不断上浮的，是会不断发展成新型基础设施的。

与此类似，互联网也是"底层开放，应用封闭"的。下层的通信标准（例如 TCP/IP，HTTP）是由 IETF[1] 和 W3C[2] 等开放制定的，属于基础设施层面的，多是电信运营商运营的。上层应用（例如 SNS）则多是碎片化的和非标准化的，是整个互联网竞争的焦点，是谷歌公司、亚马逊公司、阿里巴巴公司、腾讯公司等互联网巨头的天下。当然，Email 应用是个特例，它是上层应用，但却是全球性开放互通的，可能只是因为 Email 诞生在开放互联网基础设施的时代，却一直活到了现在。

互联网巨头本来就是软件巨头，不同的是，互联网一开始竞争的主战场就是在业务层面而不是在基础设施层面，因此，互联网天然就会积极拥抱开源，并且会把开源当作快速构建业务生态的"核武器"。

软件和互联网巨头在基础设施层面的开源，是将其从盈利工具变成引流工具，下层的开源软件是靠上层的业务"喂养"的。但那些独立的开源软件厂家，它们又是如何生存的呢？

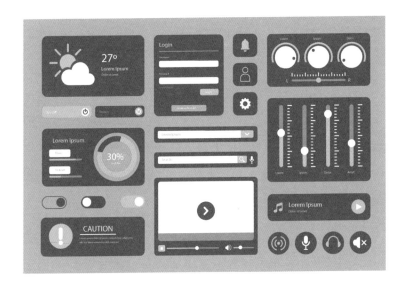

7
开源也商业

任何否定性的描述都是危险的，因为这只告诉了要反对什么，但没告诉接下来要具体怎么做。自由软件运动反对软件的版权化和私有化，但没告诉大家，没有了商业支持，仅靠理想信念是无法让软件业发展壮大的。开源运动不反对软件商业化，但开放源代码就意味着软件成了公共产品，无法简单依靠销售软件产品获利了。

独立开源软件公司已经探索发展出两种典型的商业模式：提供订阅服务和推出商业版。而近年来流行的基于开源的 SaaS 服务，可以说是订阅服务的升级版，当然也可以认为是开源的第三种模式。

提供订阅服务

开源大约始于 1998 年，当时的互联网还不发达，开源授权协议还没有摆脱自由软件的历史影响，对商业不是很友好。数得上名的开源项目也没几个，其中一个是操作系统领域的 Linux，一个是数据库领域的 MySQL。环境决定行为，因此当时围绕开源能做的商业活动非常少，最典型的就是围绕 Linux 的红帽公司。

就像微软公司基于自己闭源的操作系统 DOS 和 Windows，奠定了闭源软件的商业模式，红帽公司基于开源社区的操作系统 Linux，创立了开源软件的第一代商业模式。

红帽公司把开源软件商业化时，没有像微软公司那样去销售自己正版的操作系统，而是创造性地推出了订阅服务并收取服务费。订阅服务是给予软件客户相当质量保证的服务，而不是软件本身，主要包括下载和更新红帽版的软件套装，提供技术咨询，提供兼容性等测试评估，帮助用户管理好第三方软件等。另外，红帽公司也可以提供开源软件的财务和法律保护，以免用户突然收到巨额资金赔偿要求或版权专利诉讼。

红帽公司将自己定位成 Linux 开源操作系统的装配商。Linux 是由数百个高度模块化的代码包组成，选择合适的组建搭配成最好的操作系统是一个技术活，但有能力做好装配的人一般没有足够的精力，有精力做装配的人一般没有能力。红帽公司就从 Linux 社区的开源组建中，选取做最合适的组装成当下最好的一个操作系统，包装成红帽品牌的 Linux 提供给用户。红帽公司销售的 Linux 发行版经过了严格的测试评估，可以帮助用户保证软硬件更新的兼容性和稳定性，有效降低了部署风险。

但红帽公司只提供操作系统的维护，并不控制该操作系统。控制权还是属于用户的，用户可以自主选择，何时以何种方式使用或更新技术，从而完全避免了新版本重新授权等麻烦。用户购买的不是软件本身，而是软件的升级、维护和故障排除等技术咨询服务，以及规避财务和法律风险的保证。

开源软件公司想要成功，掌握的产品越底层越好。因为越底层，使用者就越多，红帽公司就是因为占据了最底层的操作系统，这是软件与硬件串接的第一道关卡。当然后来的红帽公司，也不只靠 Linux，也收购了中间件 JBoss，2015 年后更是向云计算快速发展了。

这一阶段的服务订阅模式相对比较单一。首先，为客户需要服务的次数在一段时间内总是有限的，无法产生稳定的财务收入。其次，每个客户的咨询服务都不同，也很难累积边际效益。但这一阶段的开源主要是 OS 和数据库，技术足够底层，市场足够大，养活几家公司还是可以的。

推出商业版

到 2005 年前后，互联网宽带化了，出现了更多类型的授权协议，尤其是对商业友好的授权协议。开源项目也出现了新特征：一是主攻方向从底层基础设施类的操作系统和数据库开始往上发展；二是主要目标从"山寨"成功的商业软件到逐步引领技术创新了;三是主导力量从早期的个人研究机构转向商业企业。

早期的授权协议非常严格,尤其是 GPL。软件只要用到了开源程序就要用到 GPL,导致所有闭源软件公司绝对不接受开源。后来,开源社群发现这样不利于得到商业支持,才出现一些新的较宽松的授权,允许衍生程序采用不同的授权条款,甚至可以将衍生程序改为闭源。现在,如果某个软件只是连接到而没有直接包含或修改开源代码,该软件就可以不开源了。

这就提供了一种新的商业模式,企业在继续装配社区版的基础上,可以进一步加上自研的闭源代码再发行一个商业版,可以让用户更方便地使用和管理开源软件。这也是为什么这几年微软、苹果愿意开源的原因之一,它们都采用较宽松的授权条款。

社区版是开源的和免费的,主要是为了方便用户下载、更新、学习、开发和试用等,包含的是社区代码的最新版,没有质量保障,更没有售后服务。商业版是闭源的和收费的,为用户提供的是经过严格质量测试的生产环境用稳定版,同时提供技术支持和防范法律风险等售后服务。从技术角度来看,商业版的用户界面、Bug 修复率、性能优化、稳定性和对硬件资源的消耗都会优于社区版。

商业版的商业部分，多起源于企业内部的企业级需求，是专门为企业生产使用而设计和开发的，用户更容易接受也更容易盈利。同时，这些商业部分的工作是烦琐的、缺乏成就感的或处于特定场景，是社区志愿者不愿意承担的"脏"工作、"累"工作，例如 Bug 排查、性能优化和用户界面等。

社区版是商业版的测试版，社区免费为代码做开发和测试，用社区力量给商业版免费做开发和测试，用商业力量做产品化和运行类工作。开源版完全免费有利于更好的推广，而商业版的许可销售和支持服务则可以获取收益。开放源代码的客户端软件带动了服务器软件的销售，或者借用开源版本带动商业许可版本的产品销售。

MySQL 产品就同时推出面向个人和企业的两种版本，即开源版和商业版，分别采用不同的授权方式。红帽自 Redhat Linux 9.0 后将原桌面操作系统转为 Fedora 项目，借助 Fedora Core Linux 在开源社区的声望而促进 Redhat Enterprise Linux AS/ES/WS 服务器产品线的销售。

企业发售商业版的同时也发行社区版会有很多好处。从软件用户的角度来看，免费的社区版一是因为很容易获得，开源软件没有漫长的采购过程，研发部门可以绕开采购部门，自己有更大的决定权，可以轻松地将开源软件引入企业的开发环境，试用开源软件，了解基本架构和功能是否符合自己的需求，等试用合适后再通过采购引入商业版。二是不用重复发明算法模型，可以使用现成的源代码，还可以根据自己的需求更改、添加和定制。

从软件销售的角度来看，社区版产品传播靠的是社群内的口碑传播，传播速度和信任度绝对比原来一家一家上门拜访的销售模式更能触及用户。如果用户对基本免费的功能满意了，认为需要更进阶的功能，就会考虑购买商业版，从而降低销售人员的投入成本。更多的用户也代表了可以得到更多的市场回馈，更能针对市场回馈调整产品，让用户的体验更好，形成一个良性循环，这也是敏捷精神的一个延伸。

这种商业模式以大数据开源项目 Hadoop 等为代表，可以产生比较稳定的现金流，即使产品没有像操作系统或数据库系统那么大的市场，但也还可以"活着"。

8

开源企业的出路

大企业和开源初创企业的商业逻辑不同。大企业规模大，支持开源的核心目的是建设自己的生态圈，吸引高素质的开发者和获得高质量的代码等，不关心如何从开源直接获取商业利益。开源初创企业首先需要考虑的是生存，也就是想办法从开源直接获得商业利益，虽然已经探索出订阅服务和商业版等商业模式，但开源还是投入多，收入少。

微软公司以闭源操作系统 DOS 和 Windows 为基础，奠定了闭源软件的商业模式，多次荣登全球市值第一的宝座，2020 年 2 月其市值超过了 1.8 万亿美元。红帽公司以开源操作系统 Linux 为起点，创立了开源软件的商业模式，被收购前最高市值为 280 亿美元。同样是靠操作系统起家，闭源的微软公司的市值是开源的红帽公司市值的 50 倍！

开源提供的是公共产品，聚焦的是底层技术。作为一家开源公司，如果想往更上层的应用层发展，就会进入闭源软件公司的"战场"。这些"战场"几乎已被各大 IT 公司瓜分，除非发现新的应用领域，剩下的只能与大型 IT 公司合作才有可能。因此，越来越多的 IT 公司"拥抱"开源，采用"底层开源，应用闭源"的混合模式。

开源虽然已经改变了软件行业，但却只有少数几家公司能持续盈利。开源商业化之路"裹足不前"，开源创业公司被科技巨头收购可能是最好的"商业模式"了。

2018 年，红帽公司被 IBM 公司收购，源代码托管网站 GitHub 被微软公司收购了。开源收购频发是因为云计算来了。正当开源的商业模式向闭源软件靠拢时，闭源软件的商业模式却遇到了"灭顶之灾"，因为软件历史的潮流二次转向，软件已经不是商品了，软件变成服务了。软件底层商业逻辑的改变开始影响开源社区，影响开源许可证和商业模式等。

2018 年 6 月，微软公司宣布以 75 亿美元收购源代码托管网站 GitHub，一举囊括全球最大的开源软件开发中心和开发者社区。2018 年 9 月，甲骨文公司宣布 Java8 企业版收费。2018 年 9 月，数据库公司 Redis 宣布将 Redis 模块从 AGLP 迁移到 Apache 2.0 和 Commons Clause 相结合的许可证上，限制了云服务提供商向用户提供 Redis 模块的能力。2018 年 10 月，著名开源数据库公司 MongoDB 宣布将开源许可证从 GNU AGPLv3 转移到服务器端公共许可证（Server Side Public

License，SSPL），这意味着之前所有免费使用 MongoDB 数据库的云服务提供商必须购买 License 或者"回馈"社区。2018 年 10 月，大数据平台公司 Cloudera 和 HortonWorks 宣布合并，这对 Hadoop 发行版本产生了长远的影响。2018 年 10 月，IBM 宣布收购开源巨头红帽，一举囊括全球最大的开源软件公司。2018 年 11 月，著名图数据库 Neo4J 宣布企业版彻底闭源。2018 年 12 月，Confluent 宣布流处理平台 Kafka 更改许可变更，禁止云服务提供商利用其软件产品为用户提供服务。

9

软件即服务

最近 10 多年，随着云计算的兴起，对软件的认知再次发生了变化。早些年，软件是赠品，后来软件或成了私有产品（商业软件）或成了公共产品（开源软件），而在如今的云计算时代，软件成了服务，也就是软件即服务（SaaS）。

云计算之前，软件行业是产品主导的商业模式，就像软件曾经是硬件的附属品一样，服务也是软件产品的附属品。先产品后服务，只有用户购买了商业软件或免费下载了开源代码，才可能获得"售后服务"或"下载后服务"，将服务费事先包含在商业软件中或单独收费。

但用户希望得到的是一个系统性解决方案，就好比购买的是墙上的一个洞而不是购买一个钻头。软件用户真正需要的不是软件产品本身和额外服务，而是安装运行软件后的计算结果。如果省掉用户的安装和运行环节，只享受软件计算的结果，会是一种更高效率的商业模式。

云计算像水电一样提供了计算服务，同时也像墙上的那个洞，而闭源软件和开源软件像水井或钻头。云计算让软件业从第二产业转变成第三产业，不是提供软件产品，而是提供基于软件的计算服务。

互联网企业纷纷推出云计算服务，传统软件产品企业例如微软、IBM 等纷纷转型，希望赶上软件商业模式的互联网化浪潮，搭上"软件即服务"这趟车，降低了销售门槛，打击了"盗版"，削弱了软件代理商后市场空间。

这对开源软件公司商业模式而言，简直就是"双击"。第一，"Open core"通过发行商业版盈利，这是向闭源软件学习商业模式的结果，但现在"雪上加云"，连闭源软件的商业模式也发生了改变。第二，SaaS 是传统开源"订阅服务"的升级版。传统开源"订阅服务"是围绕开源软件提供支撑性服务的，而SaaS 则是基于软件提供计算服务的。相对于传统的订阅模式，SaaS 提供了管家式"一揽子"服务，让用户省去了软件安装、运行和维护等环节，用户订阅的是软件运行后的计算结果。

开源是在软件开发阶段，从技术角度充分发挥了协同效应。云计算则是在软件使用阶段，从经济角度充分发挥了规模效应。自云计算诞生以来，云服务商一直是开源的"深度"合作者，是一个最懂开源技术的用户群体。云服务商进一步提升了软件的商业效率，它们拥有一般开源企业难以企及的技术实力、用户规模和业务形态,可以通过小步快跑和快速迭代的"互联网思维",实现开源产品的优化和对外提供服务。到了 2018 年前后,云计算已经形成一个庞大的新产业,云服务商凭借庞大的用户群体和强大的技术能力将开源软件作为服务提供给用户,从而获得了巨大的商业效益。

但最懂你的人也最容易成为伤害你最深的那一个人。云计算像水电那样提供了计算服务并且获利丰厚,MariaDB、MongoDB、Redis、Confluent 等新兴的开源项目,眼睁睁地"看着"云服务提供商拿着自己的劳动成果以服务的方式变现,同时自己"小清新"的订阅服务和商业版遭受了碾压式打击,让一向"穷哈哈"的开源业者眼红不已。

10
许可证之争

天下熙熙皆为利来，天下攘攘皆为利往。开源支持者想到两个方法：一是修改许可证，完善对云服务提供商的授权限制；二是向云转型，在开源的基础上也直接提供 SaaS。

面对突然出现的"诱惑"，开源社区立即分成两派：一派认为，云计算公司违反了许可协议，利用许可协议条款中的"漏洞"获利是不合理的；另一派则认为，云计算公司并没有违反任何授权协议的行为。

但一些开源软件公司已经开始采用新的授权协议条款，以阻止它们认为的来自云服务提供商的不公平竞争。有的开源软件公司明确禁止云服务提供商将其软件作为服务交付，Affero GPL（AGPL）许可证规定云服务也必须提供源代码。MongoDB 将其开源许可证从 GNU AGPLv3 切换到 SSPL，即"它将适用于 MongoDB 社区服务器的所有新版本，以及先前的所有补丁修复版本"。

开源许可证的基本理念和原则是在软件还不是服务时确定的，压根不会想到来自未来云计算的挑战。不同开源许可证的差异主要体现在"分发"环节。例如，对于用户基于开源项目优化过的衍生品，是否可以闭源，是否必须采用同样的许可证，对每一处修改过的文件或代码是否必须放置修改说明或版权说明等。

如果开发人员销售或共享派生软件，开源许可证通常会要求将这些修改贡献给社区。但对于不打算公开发布的修改存在一个例外。从本质上讲，只要软件保留在你的计算机上，你就不必共享所做的任何更改。云计算公司在技术上可以不发布代码，它们的作品被当作服务来消费，代码永远不会被转手。这使云计算公司不必向社区共享更改，从而使它们能够有效地从其他人的工作中获得专有优势。"分发"针对的是产品，而 SaaS 针对的是服务，因此 SaaS 不是"分发"，可以不向社区反馈源代码。

将出售商业版改为出售 SaaS，出售订阅服务升级为 SaaS，开源的两种商业模式就浑然一体了，都成为 SaaS。近年来，新创建的开源软件公司大部分采用了 SaaS 的商业模式，例如，Elastic、Confluent 和 Mongo 等公司提供的 Elastic Cloud、Confluent Cloud 和 MongoDB Atlas。

也就是说，用户直接付费使用开发好的软件，写程序、底层架构等技术问题交给软件公司就好，这样的模式对于非软件公司、对技术要求不高的中小型企业是很有吸引力的，因为不用聘雇太多的开发人员来管理机房，减少公司的固定支出，而且只要有网络，在哪里都可以工作，甚至不用安装软件，便可以直接在浏览器上运行，用户只要付费，就可以享用这些便利服务。SaaS 模式对开源软件公司也会带来新的价值，例如，可以准确掌控用户使用了多少流量，从而提供新的定制服务等。

对开源软件进行优化经常会以企业级生产使用为目标，一般不会太发散也不会太开放。在这些企业级优化项目中，超过 90% 的代码都是由商业公司的员工编写的。另外，商业企业可以将开源软件与商业软件混合在一起，通过"开放核心 + SaaS"的混合模式，免去了用户对混合使用开源许可证时的烦恼。

随着云计算与开源利益的冲突越来越明显，一些开源软件公司选择了制定新的开源许可证。SSPL 是 MongoDB 创建的 source-available 许可协议，旨在体现开源的同时为产品应对云服务提供商提供保护，防止云服务提供商将开源产品作为服务提供而不为之回馈。SSPL 允许自由和不受限制地使用和修改产品源代码，但如果你将产品作为服务提供给其他人，那么必须在 SSPL 下公开发布任何修改以及管理层的源代码。

2021 年 1 月，开放源代码促进会（Open Source Initiative，OSI）公开强调，SSPL 并不是一个开源许可证，因为进行更改的人员声称其产品在新许可证下仍保持"开放"状态，但新许可证实际上已改变了用户权限。SSPL 未被 OSI 认可，"却还宣称拥有开源的所有好处和承诺，这是一种欺骗"。

11 开源的风险

作为软件用户，如果不懂开源，那么总有一种风险在等着你。

开源是一个新生事物，因而在实际应用中，一些企业不懂开源的正确用法，不小心当了"冤大头"——企业主动开放自己的软件源代码，让包括竞争对手在内的其他人，几乎没有限制地使用。

作为用户，为什么也要学习和掌握开源知识呢？那是因为如果作为用户而不懂开源，那你只能当"冤大头"。

第一种模式：购买商业软件。现在几乎所有的商业软件不同程度地包含有开源代码。一些企业把开源代码直接换一个"皮肤"或"马甲"，就号称拥有自主知识产权，然后堂堂正正地标出高价。

第二种模式：自主研发软件。你怎么知道手下的工程师真在研发代码？或许他们只是用部分时间从开源托管网站上找合适的代码，只是动动手指做"Ctrl-C"和"Ctrl-V"，即复制和粘贴，剩下时间在玩游戏。

第三种模式：直接使用社区版。开源社区向你提供的代码更像是"建材城"，不一定能够找齐所有需要的代码（建材），也不是找到的代码（建材）就可以组装在一起。从开源社区能够得到的软件如果没有缺"零部件"，先恭喜你，然后你还要有能力亲自组装好。

第四种模式：选择开源服务商。恭喜你了解这种模式，这应该是目前的最佳选择。开源服务商公开诚实地承认，他们是基于开源的而不是假装"自主开发的"，因此很难卖高价。开源服务商向你提供的是类似宜家的家具组合，可以向你保证，不缺也不多软件零件，如果你有能力，就一定能够安装好。如果你自己不会安装，那么他们也可以提供上门安装服务。因为开源服务商给你屏蔽了开源软件的技术复杂性和风险，从而创造出新价值。

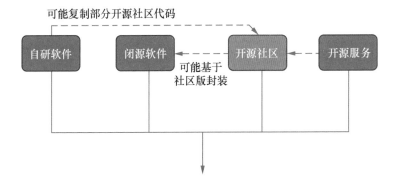

事实上，开源是把对代码的控制权从软件商手里释放给用户，这与互联网把控制权从网络释放给终端非常类似。用户在获得代码自由权利的同时，也必须承担"自由"的代价，承担对应的责任和代价，例如，兼容性、代码的升级维护、代码安全审查、安装配置、代码许可审查、法律风险等。

但很多企业没有这方面的专业能力，也没有拥有这方面专业能力的必要。因此，除了技术水平特别高的企业，一些没有任何技术实力的企业会选择完全依赖服务商，其中，2/3 的企业会选择与服务商合作。

这有点像我们购买家具，你可以买成品，或自己设计找人制作，或去宜家买待拼装的模块，甚至可以自己动手做家具，关键看你的喜好和能力了。

千万不要陷入认知误区，认为开源是有利于消除风险的，实则是风险的转移，没有中间商赚差价，也就没有中间商"背锅"，风险从软件商转移给用户，因此开源治理是很重要的。开源的风险包括技术与运维风险、许可证风险、知识产权风险、管理风险。

12
开源可控吗

　　我们驾驶汽车上路，如果操控感不好，那么是车的原因还是人的原因？假如这辆车的所有设计、开发、生产和交付都是公开透明的，所有产品资料对所有人都是免费、随时可获得的，汽车也是可学习、可改装和可模仿生产的，但驾驶者还是感觉车"不可控"，那么是驾驶者的车技问题还是车辆问题？这一类似讨论正出现在开源软件领域，即开源软件的可控问题。

　　开源是相对闭源而言的。开源软件的标配是发布源代码，并且通过开源许可证，赋予用户学习、修改甚至重发行代码的权利。而不同开源许可证的差异主要体现在代码分发权上。

　　虽然开源将更多的权利从软件发行者释放给软件使用者，但并不是没有限制的。开源是明确受法律保护的，也有版权，也可能包含专利，也可能受到出口管制政策的影响。

　　开源软件是全球程序员协同开发的产物，是全球性的公共产品，并且经常与免费关联。

　　源代码的开放极大降低了软件开发的难度，在促进全球软件开发协调共享的同时，也催生了一大批靠"封装"开源软件"苟延残喘"的小微软件公司，以及大量"平庸"的程序员。有了海量的开源资源，只需要简单下载、完善、打包和配置等，就可以包装成一家商业软件公司，看起来像一位优秀的程序员了。

开源正在"吞噬"世界。全球软件先进企业，例如，IBM、微软、Facebook、阿里巴巴和腾讯等，无一例外地积极"拥抱"开源。

在一个软件包中，开源和闭源并存是常态，"完全自主开发"是例外。开源软件的存在让很多软件开发工作不需要从零开始。如果某家企业声称"完全自主知识产权"，要么是难以想象的伟大，要么就是欺骗。如果某家企业声称每行代码都是自主研发的，没有使用开源这个公共产品，这是不可信的。

贡献开源代码、参与开源社区活动和赞助开源组织等，就是在为全球性公共产品提供支持，就是在为全球"新基建"添砖加瓦。

开源是否可控，不取决于开源代码本身，不取决于开源社区本身，取决于开源使用者的能力！如果开源使用者能够将开源软件"学懂、弄通、做实"，可以按照自己的意愿开发和升级等，那就是可控的！开源的目的就是在于削弱软件开发者和发行者的控制权，让用户获得更多的控制权。源代码公开也就允许所有人学习、修改和再发行等，但有人和企业却声称开源不可控，这时要先怀疑的不是开源代码，而是使用者的水平了。

控制不好一辆车，不能怪自己无能，只能怪车太"狡猾"了。

13
开源与科学

早期的软件生产像是手工艺，后来逐步将软件工程化，而开源是将软件导向了科学之路，将软件视为一种知识，并且以社会化协作的方式生产和传播。

科学是一个不断发现和验证的过程，其结果必须是可重复的、可验证的。早期科学研究就像早期软件开发，是一个个人"黑客"时代，不一定需要多人协作，经常一个人在家或在实验室里，就可以有重大发现或发明了。但现代科学已经复杂到不仅需要全社会开放协作，而且需要讲究方法论，于是就有了"科学方法"。

"科学方法"通过学术刊物和互联网等公开发表研究或实验成果，让业界能够共享相关的科学资料（例如，假设、环境、工具、材料、过程、测试和结果等），让使用者在阅读到这些"源代码"后，不仅可以复现实验和验证结果，更重要的是使用者可以基于这些"源代码"继续找出科学的 Bug，继续"使用、复制、修改和再发布"科学的新发现、新思想和新事物，让科学得以继续延伸。科学论文就是源代码，科学期刊就是源代码托管网站。

"科学方法"本质上是开源的，开源软件运动是科学方法在软件业的一次延伸。软件工程化有利于软件商业化，但科学本质上是公益性质的。

科学提供的是公共产品，经常需要得到政府和公益组织等资助。开源软件提供的也是公共产品，但却是在私人和公司等商业力量的资助下完成的。从历史上看，商业力量资助公共产品的成功案例不是没有，而是很难长久的。

开源是软件研发的一种科学探索，把软件视为一种公共产品，但商业是有秘密的。开放让代码彼此"协作"，让商业互相"伤害"。

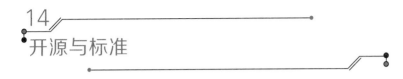

14
开源与标准

最近 10 多年来，全球性标准组织，除了少数技术领域和 3GPP 等极少数标准组织外，对市场的整体影响力和控制力呈现明显衰落的趋势。这不仅是因为区域性标准组织和垂直领域论坛等兴起，而且是因为开源社区（包括企业主导的开源模式）的全面兴起。

标准组织与开源社区二者都致力于解决互操作性问题，因此有很多相似之处，例如，集体参与、开放透明和自愿贡献等。但标准组织主张"规范先行"，开源社区主张"实现先行"，因此二者在最终决策者、投票规则、选举过程、个人职责、组织形式、雇员角色及知识产权政策、敏捷性和资料维护方式等方面存在很大的差异。

标准是用人类自然语言书写的人类或技术的行为准则，软件是用计算机语言书写的技术或机器的行为准则。因此，标准和软件都存在"封闭"和"开放"两大类。

封闭标准和闭源软件的核心驱动力都来自在市场上占有明显优势的企业。历史上曾经存在多个知名的私有网络标准——IBM 的 SNA、DEC 的 DNA、Novell 的 IPX/SPX，后来 SNA 成为 ISO/OSI 开放标准的基础，有的标准直接消失了。如今我们使用的网络标准，例如，以太网、TCP/IP 和 WWW 都是开放标准。软件产业也非常类似，在发展初期，也是被少数几家先行企业的闭源软件垄断，而现在无论是在基础软件层面还是新兴技术领域，几乎都是由开源主导的。

产业发展到一定阶段，大家之所以会选择支持开放标准和开源软件，就是因为用户相信开放标准和开源软件带来的网络效应和竞争，会为用户带来更便宜、更高质量的产品，以及更多的选择。当然，只有将底层技术统一，才可能成为真正的基础设施，才可以让上层应用放心地发展，才可能把整个产业做大做强。

开放标准的基本准则可以参考 2012 年 W3C、IEEE[1]、IAB[2]、IETF 和 ISOC[3] 共同定义的"五项基本原则"：一是相互合作；二是遵循 5 个基本开发原理（平等、广泛一致、透明、平衡和开放）；三是集体授权；四是可获得性；五是自愿采纳。但不同标准组织对"开放性"的理解，以及与此相关的各种使用权限上存在较大的差异性。例如，有的标准组织强调最终结果的开放，有的标准组织强调编写过程的开放，有的标准组织强调标准所有权的开放，对标准中专利的态度也存在很大差

1 电气和电子工程师协会（Institute of Electrical and Electronics Engineers，IEEE）。

2 互联网结构委员会（Internet Architecture Board, IAB）。

3 国际互联网协会（Internet Society, ISOC）。

异。仅维基百科中就罗列出 21 种有影响力的"开放标准"的定义。

开源软件的基本准则基于 1997 年"Debian 自由软件指南": 自由分发, 包含源代码, 允许修改和衍生, 对作者源代码完整性的承诺, 对个人和组织的无歧视, 对应用领域(例如, 商业)的无歧视, 许可证适用于所有的再分发程序, 许可证不能针对某个产品, 许可证也不能限制其他软件。同样地, 不同开源社区对"Free"和"Open"的理解也有明显差异, 主要体现在授权约束的强弱上。Linux 使用的 GPL 就属于强授权约束, BSD 许可协议是一个几乎没有约束的授权协议。而随着云计算服务商与开源企业之间的利益之争, OSI 的权威性及如何重新定义"开源"也迎来了新挑战。

对"开放"理解的差异是因为不同标准组织和开源社区对所涉商业利益的平衡策略不同。开放是为了流量, 封闭是为了商业。标准或代码要足够"开放"才可能被市场认可和接纳, 但也要封闭一些才可能让围绕这一标准或代码做开发的公司获得一定的回报。

当相关技术知识普及后, 市场竞争加剧, 技术就会变得更加开放。当先进企业对一项技术拥有很强的控制力时, 例如, 成为平台型公司时, 就会相对封闭。因此, 封闭和开放不是非黑即白的, 开放在很多时候也会有一些限制条件, 封闭也不是完全的黑盒子（可能会开放 API）。

市场上的先进企业为了获得更多的商业回报，一般会开发使用封闭标准和闭源软件。在一个赢家通吃的市场中，后进入者要想分一杯羹，或者试图削弱先进企业的优势地位，就只能抱团取暖。但这些企业不能彼此"抱着"，要有一个"中介"，这个"团"就是大家一起制定的开放标准，一起开发的开源软件，以形成共通市场，抵消市场先进企业的优势。

当封闭网络标准流行时，大家就会以个人身份抱团成立一个叫国际互联网工程任务组（IETF）的开放标准组织。当苹果公司封闭的 iOS 引领智能手机 OS 时，大家只好聚拢到谷歌公司开源的 Android 旗下。当封闭的 AWS 垄断了云计算的 IaaS 市场时，大家就只好聚拢到开源社区旗下一起奋斗。

1 ITU-T 的中文名称是国际电信联盟电信标准分局（ITU-T for ITU Telecommunication Standardization Sector），它是国际电信联盟管理下的专门制定电信标准的分支机构。

在市场还处于混沌状态时，一些技术领先的企业会主动开放自己的标准，开放自己的代码，甚至开放自己的专利，以吸引产业链共同参与，通过短期利益的损失换取未来发展的主导权，形成以自己为核心的生态系统。特斯拉开放电动汽车专利就是瞄准全球电动汽车产业未来的标准主导权。

标准和开源都需要妥协，因此都需要权威的协调组织和机制。开放标准的权威组织可能是官方指定的政府间组织（例如 ITU-T[1]），也可能是自发形成的组织（例如 IETF、W3C）。开源软件的社区一般是自发形成的，是开发人员的俱乐部，例如 Linux 基金会。

全球知名的标准组织包括 ISO、ITU-T、IETF、W3C 和
3GPP 等，全球知名的开源社区包括 Linux 基金会、Apache
基金会和 Eclipse 基金会等。

标准组织的职责是管理和实现该组织和政策制定者的目
标。而开源社区领导权更多是一个促进者的角色。标准组织体
现权威机构的监管，奉行的是多数一致，少数反对者不能分裂
只能用脚投票（走人）；而开源社区体现了群体自治，少数反
对者可以"分叉"新项目。

参与标准组织的大企业较多，参与开源社区的小企业和个
人较多，并且软件工程师向开源社区贡献代码时几乎不需要新
知识和训练，但参与标准化活动需要新技能。标准组织的参加者
更关心自己的知识产权和监管需求等，而开源社区的参加者则更
关心如何降低研发成本、缩短部署周期和体现个人兴趣等。

标准没有直接的商业模式，标准机构主要靠会员费和捐赠
等维持。大家之所以愿意出人出钱做"公益"，是因为标准中
涉及技术方向、专利及领先市场的实现。开源没有直接的商业
模式，主要靠众筹模式的基金会维持。开源中涉及的专利及后
续的定制开发、优化、咨询和培训等，是开源企业目前最主要
的生存模式。

ISO、IEC、ITU 和 IETF 等标准组织都允许标准中有专

利，但要求公开声明，必须是"合理的和无歧视的授权"。但只有 ITU 和 IETF 明确声明自己的标准是开放的，W3C 则声明自己的标准中没有专利费。开源与专利并不矛盾，例如，Java是开源的，但 Java 语法有专利保护。

有些标准只是写给用户读的，因此没有对应的开源代码。有些标准是间接写给机器运行的，一般会要求两种以上代码实现，甚至开源实现。开放标准可以是闭源实现，也可以是开源实现。开源软件可以实现的一般是开放标准，但也有可能会仿照一些封闭标准或封闭软件的接口，例如，开源云 Open-Stack 对 AWS API 的支持。

标准和开源都能够解决专有产品的互操作性，但开源软件又往前走了一步，还要选择一个联合实现来满足互操作性，底层逻辑是开源社区已实现的功能领域，就没有必要再次抢占市场了。

> 标准组织认为应该协同制定共同规范，市场竞争从这些规范的实现开始。
>
> 开源社区认为应该联合编写共性代码，市场竞争从这些代码的优化开始。
>
> 标准组织认为市场竞争的起点是完成规范后，大家各自实现产品。
>
> 开源社区认为市场竞争的起点是标准化产业实现后，大家各自进行优化和场景化。

15 小结

在人类社会的发展进程中，身体力量的重要性越来越轻于大脑的智慧，人类主要依靠发达的大脑在地球生存，地球来到了"人类世"。同样的，在计算机的发展进程中，计算机硬件的重要性逐步让位于软件的能力，计算机依靠可编程性从各类电子产品中脱颖而出，软件正在"吞噬"世界。

但历史上，软件曾经也很"卑微"，被当作知识，只是计算机硬件的附属品。后来，比尔·盖茨等领导了"软件独立运动"，将软件私有化，形成商品，开创软件产业，开始走向卖产品许可的闭源模式。

"自由软件运动"提倡开放源代码等以赋予用户完全的自由，反对版权化和商业化，引领了复古思潮，希望回到软件是附属品的时代。于是就有了既坚持开放源代码，又不反对软件版权化和商业化的第三条道路：开源软件。

经过 20 余年的发展，开源软件已经成为主流的软件开发和交付方式，成功占领了基础设施领域，引领了新技术领域的创新。开源也已经找到一些商业模式，但总体上看还是"投入让人心疼，收入让人心寒"，尤其是在云计算等技术兴起后，开源与标准、风险治理、许可证和可控性等都值得特别关注。

第五部分

勤学苦"链"

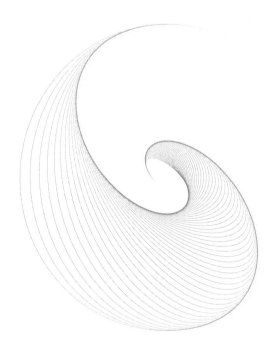

走过"狂热期"，区块链"脱虚向实"，加速与实体经济融合，产业区块链随之兴起。

　　区块链将加速与大数据、人工智能、物联网等技术融合，共同构建数字经济"信任底座"。在技术发展方面，区块链的处理能力将进一步提高，连接密度将持续增加，实现互联互通，确保安全运行；在应用深化方面，区块链将以可信存证应用为基础，向多方协作、价值转移应用逐步发展，从而形成普遍价值互联；在治理优化方面，既要均衡多方面的利益，实现互惠互赢，更要兼顾商业利益与合规性，探索平衡发展之道。

1

高光的背后

先来猜一个谜语，谜底是打一技术名词。以下是谜面。

它是"去中心"的，分布式架构；

它是匿名的，各参与方不需要实名身份验证；

它是全球性自组织的，没有国界、政府和主权的概念；

它的参与方彼此对等；

它的运行是永不停止的，任何参与方都无法关闭；

它是开放的平台；

它源于底层，是自下向上发展而来的；

它会被一些人拿来做坏事……

这是一个会暴露年龄的谜语。

思路决定出路，但时间、环境决定思路。如果是现在，谜底大概率会是"区块链"。如果是在 25 年前，谜底大概率会是"互联网"。而如果是在 15 年前，谜底大概率又变成各类 P2P 应用了。

技术的背后是人，人相信什么，技术就会得到什么。互联网崇尚分布式、开放、对等和自治等理念，相信人人参与的力量。目前，区块链技术的扩展性、可靠性、安全性、标准化和互操作性，以及监管滞后和生态不完善等缺点，几乎是所有新技术的通病。

换言之，成为一名技术"专家"其实是很容易的。无论出现什么新技术，只需要评论它不可靠和不安全，缺乏标准和互操作性差，生态不完善和监管滞后，以及由此带来的一系列社会问题，几乎可以百发百中。

与 5G、云计算、大数据和 AI 等源于科技巨头的刚需相反，区块链是近 20 年来，唯一诞生于底层的一项重大技术。而区块链诞生后，之所以能够在这么短的时间内迅速获得如此高的关注度，除了因为数字"代币"带来的财富效应外，还因为其顺应了历史潮流：一是数据资产化的浪潮；二是信任锚点变化的社会思潮。

> 区块链短时间内成为明星技术，一是底层出身，二是"财富"效应，三是数据资产化，四是信任锚点的变迁。

一是数据资产化的浪潮。随着"互联网 +"、金融科技、数字孪生、产业数字化等的发展，尤其是大数据技术的兴起，数据越来越多地代表资产了。而在信息技术的历史中，数据是与文字、图片、声音和视频等并列的内容承载方式，更多地代表信息。因此，在区块链出现后，就有了"价值互联网"概念。价值互联网是指设计用于传递价值的全球性网络，并且把现在的互联网命名为"信息互联网"。信息互联网与价值互联网的比较见表 5-1。

表 5-1 信息互联网与价值互联网的比较

	信息互联网	价值互联网
数据	数据是信息	数据是资产
目标	信息要被传播	资产要被保护
理念	开放、共享、共治、快速迭代	确权、专有、防被篡改、信用、审慎
流动性	可复制	可转移
代表性技术	TCP/IP、5G	区块链、隐私计算

信息的流动和资产的流动完全不同。信息可以被复制，但资产不能被复制，否则资产就失去了稀缺性这一基本属性，因此资产只能被转移。如何把信息数据常见的可复制流动（流动走了，还会留下信息副本）演进成资产数据所需要的可转移式流动（流动走了或许留有信息副本，但不能留有资产副本），是所有数字资产都要解决的核心问题。

区块链是这样解决的：在以时间顺序编织的链上，数据的最后一个拥有者才是该数据资产的真正拥有者，之前所谓的拥有者只是信息拥有者，仅仅是拥有资产的过客，只为证明最后一个拥有者的合法性。

二是信任锚点变化的社会思潮。人活在世界上，总得相信点什么，无论是因为自己的人生经验、历史记录还是科学知识。有些人选择努力工作是因为相信"努力终有回报"，有些人说要"躺平"是因为不相信"努力终有回报"。"努力"和"回报"的因果关系，有的人会相信努力产生价值，价值带来回报；而有些人会认为方向比努力重要，方向错了努力就白费了；有些人会认为，如果不努力，怎么可能知道正确的方向呢；还有一些人会认为，即使努力产生了价值，也可能是很久以后的事情或是给别人产生价值。

不管你选择相信什么，把你的信任链按照因果关系一直向前追溯，直到你自己都不知道为什么就信了，或者只能归结于说不清道不明的传统习惯和生活常识，那么它们就是你的信任锚点。

每个人的信任锚点不同。有些人选择相信朋友圈的各种消息，有些人选择相信眼见为实，有些人选择相信专业人士的意见，有些人选择相信让数据说话，有些人选择相信以前相信过的人或事情，有些人选择相信"第一性原理"，有些人选择相信信仰。

人类的信任锚点无非两类，向外部世界寻求或向自己的内心世界寻求。远古时期的人类自感渺小和无能为力，于是将信任锚点指向了外部世界，例如，传说故事、传统习惯、图腾、天象和宗教等，相信外部力量在操控着人类和自然。到了200年前，尤其是西方文艺复兴和工业革命后，社会思潮发生了逆转，人文主义崛起，人类相信依靠科学技术能够解决自身问题，从而不再需要向外部力量寻求信任锚点。

2015年10月31日，《经济学人》封面

　　进入 21 世纪，随着信息技术、行为心理学和生物技术等的进步，越来越多的研究和证据表明，人类的行为经常是非理性的，人类所谓的理性思考其实大多没有启动和运行大脑的生化算法，没有经过大脑深入思考产生的条件反射。计算机会不折不扣地执行事先编程好的电子算法的命令，而人类的理性思考经常只是将大脑中最容易检索到的而不是最佳答案提供出来，没有执行复杂的生化算法，只是假装在深度思考。大脑尽量不主动调用和运行非常耗费资源和缓慢的生化算法，经

常直接给出结果，也是人类为了生存进化而来的"高维"算法：以生存的全局最优牺牲思考的局部最优。尤其是近年来，随着大数据和人工智能技术的进步，人们在日常工作和生活中，越来越懒于自己思考，而是越来越依靠和信任各种电子算法给出的推荐和决策。例如，通信基本依靠互联网，娱乐基本依靠电子游戏，出门基本依靠导航，治安基本依靠视频监控系统，身份核验基本依靠人脸识别……我们几乎把决策都外包给算法，因为我们相信机器，相信算法。

区块链就是这一社会思潮的继续。区块链要我们相信，机器可以创造信任，相信技术的机器而不是人的机构。2009年诞生的比特币，正是对2008年金融危机后对全球央行滥发货币的不信任，反映了相信密码学的一种技术实践，这已经成了一种全球性的社会思潮。10多年来，比特币价格的暴涨暴跌，在某种程度上也反映了新旧思潮交织的震荡。

2

区块链"过年"

自 2015 年区块链诞生以来，一些媒体和专家把 2015 年、2016 年、2017 年、2018 年、2019 年和 2020 年都定义为"区块链元年"，与之相关的，还把 2015 年等定义为"平台元年""应用元年""规模应用元年""分布式应用元年""公链元年"和"产业区块链元年"等。

现在已是 2021 年年底，虽然区块链不是"王小二"，但这些"元年"并没有到来。年年说"元年"，年年过年，一方面反映了行业的"急躁"和"焦虑"，人们渴望市场尽快爆发，尽早"财富自由"的心态；另一方面也反映了很多区块链工程师的语言能力和对社会的理解有待提升。区块链是一项新技术，是互联网的一块"补丁"，增强了互联网在价值传递方面的弱点，但其自身发展，也必然会符合技术发展的一般性规律，也需要与其他技术一起协同成长。

高德纳咨询公司于 1995 年提出技术成熟度曲线图，该曲线图用来凸显每一项技术创新所经历的发展过程。按照该曲线，大多数技术将经历萌芽期、过热期、谷底期、复苏期和成熟期 5 个发展阶段。这一技术成熟度曲线是对所有技术的一般性规律描述，反映了人类在新技术方面的"贪婪"和"恐惧"。

由于技术种类繁多，所以这条技术成熟度曲线并没有回答一种技术走完这些路大概需要多长时间，但在数字技术领域有一个明显的经验值可以参考：3 ～ 4 年经历炒作高峰，5 ～ 6 年经历内部分化，7 ～ 8 年经历规模应用。

按一般性技术规律，区块链的炒作时间在 2015—2018 年发生，并在 2018—2019 年达到高峰。因此我在 2016 年前后说过，"区块链还住在理想国里，只因它还没有长大"，并且 2018 年的区块链是"水深火热"的。而到了 2019 年，"币圈"和"链圈"分化明显，"链圈"开始"脱虚向实"，但呈现"已脱虚未向实"甚至有些"虚脱"的特征。到了 2020 年，谈论是否应该"脱虚"的声音几乎消失，讨论如何"向实"的声音成为主流，"产业区块链元年"的说法开始流行。而区块链技术相对成熟，生态趋于完善，应用场景比较清晰，应用模式已经明确并开始规模化应用，这个时间大约会在 2022 年来到。

区块链会是"小产业大变革"，即对经济社会的影响很大，但核心产业的规模并不会很大。区块链源于比特币，同时在分布式记账、分布式共识机制、智能合约和"代币"等方面做出了诸多重要创新，是距离数字经济最近的一项新技术，必将在记账方式、社会共识、商业合同和数字"代币"等社会基础性活动中引发一场大变革。

但从技术和产业的角度来看，区块链只是一种数据管理技术，一种数据库技术，一种分布式数据库技术，一种能够防篡改的分布式数据库技术，一种用于企业间建立信任关系的数据库技术。因此，在相当长的一段时间内，区块链的产业规模不会很大，但是影响会很大。

2020 年 4 月，IDC 公司发布报告预测，2020 年全球区块链市场大约为 42.8 亿美元，远低于 5G、数据中心、云计算和 AI 等其他新型基础设施的市场规模。与此同时，IDC 预测 2019—2023 年我国区块链解决方案相关支出的复合年均增长率为 60%，增速很高但基数很小。

3
理性的回归

最近区块链"被社会毒打"后，对自身认知发生了很大的改变，从"叛逆少年"成长为"活力青年"。各国政府不再袖手旁观，而是普遍从战略上布局区块链技术和产业，"鼓励链规范币"两手都要抓，两手都要硬。从应用来看，数字"代币"之外的应用越来越多，开始服务于产业互联网，与实体经济深度融合。从基础设施来看，不再只是公链和"代币"，而是将越来越多的资源投入企业级联盟链。从技术创新来看，不再一味追求"新特奇"，而是开始关注解决实际问题了。从技术生态来看，区块链"我就是生态"的豪气没有了，而是谦卑地认为"生态有我"。从治理来看，区块链既不是"孙悟空"，也不是"妖怪"，而是一个需要教它"向善"的新技术。

2016 年年初，一个金融机构组织有关区块链的内部活动，邀请我来谈谈对新兴的区块链和价值互联网的看法。会议开始前，主持人让每位嘉宾做一个快速的自我介绍，这些看起来"80后"甚至"90后"的年轻人，纷纷声称自己是投资人，同时也是区块链爱好者。当时我很惊讶，不过后来我猜测，他们很多人可能就是手里持有一些"空气币"。

在这个会议上，我做了涉嫌"踢场子"性质的发言，认为当时的舆论氛围把区块链想得过于理想化了，"去中心化"和匿名性等是不现实的，区块链就是一个"新中心"和"新中介"，区块链项目发行的"代币"不可能天然有价值等。并且我在总结时说到，这一现象历史上经常出现，最近一次发生在 1996 年的互联网，只是 20 年前的互联网换成了现在的区块链，那个时代的年轻人换成了这个时代的年轻人。如果你认为区块链会颠覆世界，那么只能说明你的世界太小了。当然，我看到的是很多年轻听众的满脸不屑，并且在我刚讲完就迫不及待地提出各种质疑和颠覆性的"逻辑"。

把区块链理想化，一些人是因为还年轻，对技术和社会缺乏足够的认知，很聪明、很天真；还有一些人只会道听途说，缺乏基本的思辨能力，很傻、很天真。但还有一些人却是揣着明白装糊涂，把区块链当成违法犯罪的新工具，利用自己的高智商，刻意诱导其他人当"韭菜"，很坏、很狡猾。

区块链技术是中性的，向善还是从恶取决于使用者。在区块链刚刚诞生的 2 ~ 3 年，在法律和监管滞后的情况下，区块链就成为极少数人违法犯罪的平台。区块链是创造信任的机器，对欺骗者来说也是完全适用的，因为任何诈骗行为的前提都是必须取得对方的信任。你不信我，我怎么骗你呢?

普通人很难理解如此复杂的区块链技术，理想化的区块链技术被别有用心的人利用了。虽然很多早期的区块链应用都是合法的，但是媒体和大众却只会特别关注区块链应用带来的违法犯罪事件。

区块链可以用来做很多有价值的好事，但因为有能力犯错也确实被别有用心的人拿来作恶了，于是又在另一些人的推动下，大众舆论出现反转，从理想化走向污名化。曾有一段时间，区块链快成为"收割韭菜"和违反犯罪的代名词了，一些地方甚至禁止任何召开带有"区块链"字样的活动，一些用户甚至不敢探索区块链的创新应用。

区块链摆脱污名化的转机出现在 2019 年 10 月。2019 年 10 月 24 日，中央政治局开展第十八次集体学习，学习时强调把区块链作为核心技术自主创新的重要突破口，加快推动区块链技术和产业创新发展。2020 年 4 月，国家发展和改革委员会将区块链技术明确纳入信息基础设施建设中。2021 年 3 月，"十四五"规划把区块链纳入需要培育壮大的新兴产业中。2021 年 6 月，中共中央网络安全和信息化委员会办公室、工业和信息化部联合发布了《关于加快推动区块链技术应用和产业发展的指导意见》。

现在的区块链正逐步回到健康的发展道路上来，不再理想化，不再污名化。例如，眼睛不只是盯着公有链，应用不只聚焦数字"代币"，技术创新不只是炫酷，生态建设不只"孤芳自赏"，主导模式不只科技公司，治理开始多方参与。

4

区块链圈大视野

从技术来看，区块链技术越来越求真务实。首先，虽然技术创新依旧活跃，但不再炫酷式地为创新而创新，而是以好用、易用、安全、性能好和支持互操作等工程化为重点。其次，随着技术产品日趋同质化，单点技术或工具不再好用，而是开始以构建生态为重点。最后，区块链技术只是解决了信任问题，但底层的基础设施、智能化和隐私保护等还需要其他技术的配合，因此区块链技术开始与云计算、大数据、人工智能和隐私计算等技术和场景深度融合。

从应用来看，经过几年的实践已经形成 3 类应用场景：一是价值传递场景，以资产的映射、记账、流通为主要业务特点，主要应用于承载价值传递；二是协作场景，在"去中心"的大规模多方协作业务中，发挥着数据共享、数据互联互通的重要作用；三是存证场景，主要应用于全网数据一致性要求较高的业务，例如，溯源 / 确权 / 公证等领域。目前，区块链在供应链金融、溯源和公共服务等领域的应用相对领先，但应用模式仍以文件、合同等存证为主，其他行业受限于数字化程度不足和合法合规性等因素的约束，发展相对缓慢。

从区块链的应用领域来看，全球排名前三位的应用领域分别是数字资产、数字金融和互联网，我国排名前三的应用领域则是数字金融、供应链金融和互联网。典型的数字金融应用进一步包括了贸易融资、资金管理和支付清算等。

近几年，从政府和监管角度来看，多国政府开始高度关注区块链，一方面鼓励技术和产业发展，另一方面规范数字"代币"等监管体制，"鼓励链、规范币"成为全球性共识。2019—2020 年，全球 24 个国家发布了针对区块链产业发展及行业监管方面的专项政策或法律法规。2012 年至 2020 年9 月，各国政府部门发起或参与的区块链实验项目有 236 项，主要涉及金融（包括央行数字货币）、公共服务、政府档案、数字资产管理、政府采购、公共投票、土地认证 / 不动产登记、医疗健康等领域。2020 年，我国国家部委、各省（自治区、直辖市）政府及省会城市发布与区块链技术有关的政策、法规、方案文件共 217 份。

从组织形态来看，行业越来越发挥着重要作用。根据推动主体的不同，可以把区块链行业组织分为 3 类：一是技术创新类，以开发解决方案为核心要素，例如，Hyperledger、

Enterprise Ethereum Alliance、InterWork Alliance 等；二是生态合作类，主要关注某个国家或地区生态构建所面临的挑战，例如，可信区块链推进计划、区块链生态联盟、日本区块链协会等；三是行业应用类，基于行业关系探讨应用发展路径，例如，贸易领域的数字商会、金融业的 Interbank Information Network、远洋运输业的 Tradelens。目前，成员数量排名前三的分别是 Interbank Information Network、R3 和可信区块链推进计划。

从参与主体来看，初创企业、科技巨头和行业龙头等不同类型企业布局区块链的模式不同。初创企业一般聚焦自己具有优势的细分技术（例如，智能合约、安全等）领域深耕，并且选择与云计算等科技公司和金融等行业用户深度合作。2019 年以来，涉及区块链业务的 1000 家企业中，初创企业占 57%，远高于传统互联网公司的 23%，从另一个维度也说明区块链产业还处于初期发展阶段。大型科技企业资源充足，一般会选择全产业链布局，在多个层级和多个领域全面投入，打造全产业链全栈式服务能力。2019 年年底到 2020 年年初，政策愈发明晰，很多大型科技企业明显加大了对区块链的投入力度。而上市公司的决策又经常与大型科技企业不同，它们大多是某个行业的龙头企业，因此会以行业应用为牵引，积极部署供应链金融、资产管理、跨境支付、跨境贸易等领域的应用。截至 2020 年 10 月，已有超过 262 家上市公司涉足区块链领域，分别来自保险、房地产、商业百货、安防设备、包装材料、电信运营等 39 个领域。

但需要强调的是，国外比较倾向于以社区或行业联盟的方式合作推动底层平台的发展，而国内企业倾向于利用自身研发实力与行业影响力打造自主可控的底层区块链平台。另外，随着 2020 年 1 月 1 日起实施的《中华人民共和国密码法》，国内联盟链对国产密码算法的支持占比逐步提升。2020 年可信区块链评测结果显示，受测厂商目前国产密码支持占比已达82%，其中，SM2、SM3、SM4 的支持率分别占比为 79%、75%、68%。

总体来看，区块链应用仍处在起步探索阶段，在实际落地推广中尚存一定难度：一是技术不成熟制约商业应用落地，性能、安全、可扩展性等问题阻碍大规模应用；二是龙头企业带动效应尚未凸显，目前，产业龙头企业对区块链的应用大多处于内部的场景探索和试用阶段，要进入规模化推广阶段还需一段时日；三是中小企业应用动力不足，部署区块链系统需要对原有业务系统进行改造，初期投入成本较高，部分项目短期内产生经济效益不明显；四是分布式、合作共赢的商业模式与现有体制机制存在冲突，企业对上链数据共享的机制、治理和程度存疑，缺乏成员企业间的信任，难以有效推动产业链上下游实现数据共享、资源互通。

5
联盟生态

　　冤有头，债有主，技术有归属。技术的归属大致可以分为公有和私有两类方式。网络可以分为公有互联网和私有企业网，数据中心可以分为公有互联网数据中心和私有企业数据中心等，云计算可以分为面向公众的公有云和企业专有的私有云，大数据也可以分为公共数据和企业专有的资产数据和个人专有的隐私数据。当然，人工智能还没有分出公有 AI 和私有 AI 的概念，尚需一定时日才可知晓。

　　这个世界不是非黑即白的，不是非"0"即"1"的，一般很快会演化出公私混合的第三种方式。例如，为了解决外部互联网不能访问内部企业网服务器（Web/Email 服务器）的问题，在 IDC 会设立一个非安全系统与安全系统之间（即公共系统和专有系统）的缓冲区，直译为"非军事化区（Demilitarized Zone, DMZ）"。同样地，在公有云和私有云之外，也会存在混合云模式。

　　区块链是在不同人或组织之间创造信任的机器。类似地，区块链也分为公有链、私有链和联盟链。公有链、联盟链、私有链对比见表5-2。

表5-2 公有链、联盟链、私有链对比

类型	特征	优势	承载能力/(笔/秒)	适用业务
公有链	"去中心化"任何人都可以参与	匿名 交易数据默认公开 访问门槛低 社区激励机制	10～20	面向互联网公众，信任基础薄弱且单位时间交易量不大
联盟链	多中心化 联盟机构共同参与	性能较高 节点准入控制 易落地	大于1000	有限特定合作伙伴间信任提升，可以支持较高的处理效率
私有链	中心化 公司/机构内部使用	性能较高 节点可信 易落地	大于1000	特定机构的内部数据管理与审计、内部多部门之间的数据共享，改善可审计性

来源：区块链金融应用发展白皮书2020

在一家企业内部的部门或员工之间，依靠公共的法律约束、企业私有的内部管理和个人内心的职业道德等，彼此间可以高效获得很高的信任度。因此，在企业内应用私有链，除非在极特殊的场景下，创造信任的必要性不大。而且即使应用私有链，虽然在技术上可以加固系间的信任关系，但在感情上却可能会摧毁同事之间的信任关系。

私有链更像是一个在安全性、可靠性和多副本等方面做了加固的可多方维护的企业级数据库。公有链面向个人的"向虚"市场，联盟链面向企业间的"向实"市场。因此，业界将主要的精力放在公有链和联盟链上，尤其是"脱虚向实"

的联盟链上。

区块链联盟生态的各方主体协作模式逐渐清晰，大致有以下 3 类。

一是技术部署主导模式。区块链技术方案解决商通过自主研发、开源创新等布局区块链底层技术，并搭建区块链即服务（Blockchain as a Service，BaaS）平台，以技术部署为核心切入点，逐步打造企业自身的区块链生态圈。

二是落地应用主导模式。需求方面向供应链金融、版权保护、产品溯源、数字身份、政务数据共享等特点鲜明、有代表性的应用场景，由领先的区块链技术服务商推出较为成熟的区块链产品、平台及解决方案，开展市场化运营。

三是定制协作辅助模式。由于场景规模、服务对象、业务流程等多因素需求不一,当前,业界不少区块链应用还是以定制协作为主。以党政机关、事业单位、国有企业等区块链应用为代表,包括政务区块链应用、司法区块链应用等,供需两侧对接实现定制化开发部署,应用场景针对性强、创新性强、落地性强。

能够与实体经济、公共服务和社会治理深度融合的联盟链已经成为产业区块链的技术基础,正在形成自己的生态模式,必将在构建数字信任中发挥越来越大的作用。

区块链联盟生态模式如图 5-1 所示。

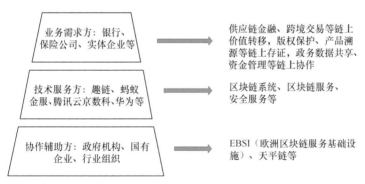

来源:中国信息通信研究院 2020 年 11 月

图5-1 区块链联盟生态模式

6
虚拟专用区块链

区块链一般被划分为公有链和联盟链（私有链）。公有链的访问是不需要许可的，人人都可以使用的公共服务。联盟链是需要授权才可以使用的，面向特定组织或组织联合体的私有服务。

公有链和联盟链各有优势，前者的可扩展性、匿名性和社区激励优秀，而后者更加可控。因此，区块链生态中出现了把面向公众的公有链当作底层基础设施，在其基础上开发面向特定"私有"人群联盟链的混合模式。

其实，这种模式并不少见，经常会在某种公共服务（数据中心、服务器、网络、数据库和云计算）上，专门划出一块私有田，专门做私有服务，通常称为"虚拟专用 x"，例如，虚拟专用服务器（Virtual Private Server，VPS），虚拟专用网络（Virtual Private Network，VPN），虚拟专用数据库（Virtual Private Database，VPD）和虚拟私有云（Virtual Private Cloud，VPC）等。

VPS 就是把物理服务器虚拟化，为用户提供基于虚拟机而不是真实物理机的主机托管服务。这种模式的优点是服务器的创建和配置更加容易，成本更低；缺点是性能和安全可能会因为隔离不彻底或不牢固，受到物理服务器上其他用户或负载的影响等。

VPN 就是在公共网络尤其是互联网上，通过数据加密和资源隔离等技术为用户提供一种类似专用网络和专用线路的服务体验。这种模式的优缺点，与 VPS 完全相同。

VPD 就是在一个更大的数据库里，通过多种屏蔽技术只向用户呈现一组数据的子集，而不是像传统数据库那样把数据真正隔离到不同的表、架构或数据库里，向用户提供一种类似专用数据库的服务。这种模式的优缺点与 VPS 和 VPN 也完全相同。

VPC 就是在公有云上通过加密和隔离等技术，为用户提供一种类似专用 / 私有云的服务体验。这种模式的优缺点与 VPS、VPN 和 VPD 完全相同。

虚拟专用的世界其实很大。在微信上建朋友圈等也是类似的逻辑，用到了社交应用的层面。

按照命名规律，在公有区块链上开辟的私有链服务，应该叫虚拟专用链（Virtual Private Blockchain，VPB）。当然 VPB 的具体部署模式，尤其是云计算的结合方式将来也会是多样化的，例如，VPB over 公有云、VPB over VPC、VPB over 私有云、VPB over 混合云等。

7

区块链 2.0

区块链技术源于比特币，是从比特币的底层技术发展而来的一种平台型技术。业界流行一种说法，把比特币为代表的发展阶段（2009—2015 年）称为区块链 1.0 时代，把以太坊为代表的发展阶段（2015 年至今）称为区块链 2.0 时代，把目前正在做的"颠覆性创新"称为区块链 3.0 时代。

但这种说法值得商榷。

首先，2009 年 1 月中本聪发表的论文的《比特币：一种点对点式的电子现金系统》中，根本没有区块链（Blockchain/Block Chain）这个词，只有 Chain 这个词。比特币是一个系统，Chain 只是这个系统的组成部分，只是一个功能模块。

其次，远早于 2009 年，在计算机操作系统、数据库和 Web 应用中，各种 Block 和各种 Chain 连接方式早已广泛存在，只是具体名称、Block 的结构和 Chain 的实现方式等存在一定的差异而已。

最后，把其他系统的一个功能模块说成是自己的 1.0 阶段，就像把计算机系统中的虚拟化技术视作云计算 1.0，把软件还是赠品时就视作软件产业 1.0，把马车视作汽车产业 1.0，把类人猿视作人类 1.0，把单细胞生物视作人类 1.0 等，这是把有关联但本质不同的两个事情搞混淆了。比特币是应用，区块链是平台。区块链是比特币的一个功能，数字"代币"是区块链的一类应用。在比特币中，区块链还不算作系统，并没有独立存在。不独立存在，当然就不能算作一个阶段。

因此，把比特币称作数字"代币"1.0(专用技术)，把以太坊因能够支持多种"代币"而称作数字"代币"2.0(通用技术) 是准确的。而把以太坊当作区块链 2.0，是从数字"代币"的"柏拉图洞穴"里看到的区块链的"前生"。一个人的"前生"算是其 1.0 吗？

8
连通链岛

商业趋于集中控制，以获得更高的利润。颠覆性技术倾向于分布，以释放出创新的活力。在商业和颠覆性技术两股力量的牵引下，产业呈现螺旋式上升的特点。于是，"去中心"技术终将成为新的中心，打破"孤岛"的技术会先建立起新的"孤岛"。

区块链也不例外，一些旧的中心正在慢慢被打破，一些新的中心正在逐渐形成。不同技术的区块链在身份管理、数据结构、共识机制和通信协议等方面的差异很大，"去中心化"的应用结果就是产生了不同技术的新中心，形成多个新的技术性"孤岛"。另外，即使是相同的区块链技术，不同的运营机构也会产生不同实体的新中心，形成多个新的管理性"孤岛"。

在现实中，很多应用是需要跨越不同的区块链进行操作的，例如，医药跨平台追溯、司法跨链仲裁、金融保险跨平台协作、数据跨域授权等。因此，不同区块链的互操作问题，已经引起国内外高度关注。

ITU、IEEE、ISO、企业以太坊联盟（Enterprise Ethereum Alliance，EEA）、欧洲区块链合作组织（European Blockchain Partnership，EBP）及中国的可信区块链推进计划等纷纷投入区块链互操作相关标准的制定中。此外，行业还出现了一批以Cosmos、Polkadot 为代表的开源互操作项目。另外，美国国土安全部和欧盟等，或设立项目或发布报告，也致力于解决区块链互操作问题。

网络也曾是"孤岛"，互联网把它们连接到一起，实现了信息的自由流动。区块链现在是"孤岛"，希望未来的价值互联网将它们连接到一起，实现价值的自由流动。信息互联网的历史，对价值互联网的未来发展具有重要的参考意义。

发端于 50 年前的信息互联网，假设数据是信息，要连接的数据终端是计算机，于是有了基于 TCP/IP 技术的信息互联网。发端于近 10 年的价值互联网，假设数据是资产，是生产要素，要连接的数据终端是钱包和各类资产账户，于是就有了基于区块链的价值互联网。

区块链正在重演互联网的昨天，只是时间跨越了 20 多年。例如，从被质疑到被接受，从可靠性、安全性到应用，从消费型到产业型，从混乱到逐步得到治理，从"孤岛"到全球性互联互通的基础设施。区块链是创造信任的机器，但目前信任还只能停留在某台机器内的"链岛"上。

在互联网实现全球性互联互通之前，也曾经经历过很长一段时间的"网岛"。不同物理网络（即局域网）是一个个"孤岛"，不同技术的网间难以互联互通。而发明互联网的初衷不是为了把每个人、每台设备连接起来，而是要把每个不同的"网络"连接起来，是为了"网间互联"！真正连接不同设备和人的是以太网、令牌环等不同的局域网技术。

区块链是链，但更是网。在一个区块链系统中，从任意一个节点的角度，向内看是块链结构的数据库，向外看系统就是分布式网络。无论是公有链、联盟链还是私有链，都只是互联网或局域网上的一个个"孤岛"，只是有的属于公共的，有的属于俱乐部的，有的是私人的。

价值互联网是在信息互联网的基础上，借鉴互联网的经验，借鉴人类价值交换的成功经验，把"互联网 + 价值"融合起来，是能够更好地管理价值数据的信息互联网。实现信息互联网，实现不同区块链之间的互联互通，消除"链岛"，必然会有很多互联网技术的"历史身影"，会借鉴价值市场上的一些思想和方法。

目前，典型的跨链技术有哈希锁定、侧链、中继和公证人机制等：哈希锁定是在两条链之间直接交换资产，类似于早期网络互通时，应两两直接架设网关（Email 网关）；侧链是通过双向锚定和简单支付验证等机制，可在侧链和主链之间转移信息，双方可自行验证和解析来自主链的区块数据；中继则是把侧链的双方跨链发展到多方跨链；公证人机制又回到大家都信任的第三方模式。

未来，全球性的价值互联网架构很可能类似于今日的互联网架构，核心思路是"分层分级、本地自治和相互对等"：分层分级是指会出现类似全球骨干链、国家骨干链、接入链和本地链等概念和类型；本地自治是指每个区块链独立管理维护自己的账本数据；相互对等是指同一层级的区块链彼此只是对方的一个节点。

目前，价值互联网和跨链技术的发展水平大致相当于20世纪70年代的网络对照跨网技术（TCP/IP技术），跨链技术目前还没有不同链上自动路由发现和学习能力，没有做到像边界网关协议（Border Gateway Protocol，BGP)/开放最短路径优先（Open Shortest Path First，OSPF）那样的分布式，没有对全球"链岛"上账户统一编址的IP地址，没有DNS那样的让账户更加易用的系统，更没有全球性的价值互联网治理组织。

9
往昔重现

近年来，我公开发表了不少关于区块链的个人观点，为方便阅读，现将部分言论汇编如下。

- 区块链源于比特币，高于比特币，已发展成一种平台型技术。
- 互联网认为数据是信息，区块链认为数据即资产。
- 区块链假设：链上数据的最后一个拥有者才是数据资产的真正拥有者。之前的数据还能"活"在链上，只为了用自己的曾经拥有来证明别人的现在拥有。
- 最近 10 年的全球社会思潮，从信任人类自己转向信任算法和机器。
- 价值互联网取代不了信息互联网，只会运行在信息互联网上，成为互联网的新一块的"大补丁"。
- 区块链源于数字货币，浑身散发着数字经济的味道：分布式记账、共识算法、智能合约和"代币"。
- 公有链的共识机制要么是谁的力气大（工作量证明：Proof of Work，PoW）谁说了算，要么是谁的钱多（权益证明：Proof of Stake，PoS）谁说了算。

- 比特币挖矿，实际上是在通过解数学题比拼算力来应聘会计。
- 区块链是不同企业之间用的数据库，传统数据库是在一个企业内用的。
- 区块链数据库是多方维护的，传统数据库是单方维护的。多方是管理的概念，只有彼此谁也管不了谁，地位平等才能叫多方。
- 对区块链做优化后，很多已经不是链式结构了，可能是桥型、树型、点状或星形拓扑，但还叫区块链。
- 创新是生产要素的重组，区块链是对多种老技术的新组合，这就是创新，更是颠覆性创新。
- 区块链是小产业、大变革。
- 监管缺失是新技术的共同特征。一项能直接纳入现有监管体系的新技术，至少不能称为颠覆性技术。
- 只有在法律和监管的框架下，技术才会向善。
- 危害越大的技术，纳入监管后，往往价值体现也越大。
- 区块链颠覆不了世界，如果你这样认为，那是因为你的世界太小了。
- 成年后的技术，大多会活成自己曾经讨厌的样子，区块链也不会例外。
- 高喊去中心的，大多是自己想成为新的中心，区块链也不会例外。
- 区块链去中心的结果，是区块链将成为新的中心。
- 区块链的所谓匿名性，其实是在蒙脸做交易。

• 30 年前，以计算机为代表的数字技术的最大优点是"随便编辑"；30 年后，以区块链为代表的数字技术的最大优点是"不能编辑"。

• 价值互联网的目标是让数据多跑路，而不是让数据跑路了。

• 私有链的应用场景，是事先假设"同桌的你是个不靠谱的队友"。

• 2019 年前的区块链是属于普通人的世界，2020 年开始逐渐变成巨头的"游戏"。

• 区块链的理想主义色彩只是因为没有长大，只因区块链是 20 余年来唯一起源于底层的重大技术。

• 区块链不是"创造信任的机器"，而是"创造信任机器的零部件"。

• 区块链应用"已脱虚正向实"，区块链技术"已可用不好用"。

• 对于区块链上的数据，你只能相信链"亲生的"，链原生的。

• 区块链让我们要相信机器，但这句话是人说的，区块链是人写的代码。

• 区块链首先是生产力，其次才有可能是生产关系。

• 大数据是因为数据大，区块链是因为数据贵。

• 区块链就喜欢你看不惯我，还要和我打交道，拿我没办法的场景。

• 懂编程的律师，才是个好会计。

第六部分

数据驱动的智能

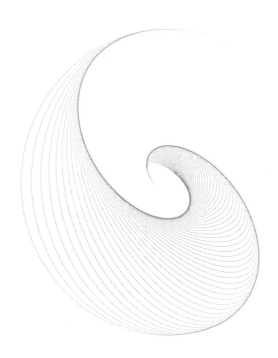

数字经济时代全面开启，数据也正在加速生产要素化。

数据不仅是信息，数据也代表着价值。2021 年 8 月，《中华人民共和国个人信息保护法》正式颁布；2021 年 9 月，《中华人民共和国数据安全法》正式施行。法律法规的落地凸显了数据安全的重要性，同时也说明了保护数据价值属性的必要性和紧迫性。

可以预见，随着数字化转型提速，尤其是各类数字化应用加速落地，如何将数据的"信息"和"价值"属性解耦变得至关重要，融合了隐私计算和区块链的技术和应用也将随之兴起，为数据流通奠定基础，加速推动数据的生产要素化。

1 信息也"噪声"

牛顿把运动从经验变成一门科学，爱因斯坦把宇宙从天象观察变成宇宙学，图灵把计算从技巧变成一门科学，克劳德·香农则把信息从闲言碎语变成一门科学。

在香农之前，信息专家和通信专家都致力于具体技术、工具、方法及系统的发明和改进。香农却致力于寻找信息处理和通信的数学基础，将热力学中"熵"的概念引入通信，定义了信息的基本单位"比特"，解决了对信息的量化度量问题。

一条信息的信息量大小与它所带来的不确定性直接相关，而与携带它的具体介质（例如，文字、声音或视频）无关。噪声就是在处理和传递信息的过程中，技术性原因引起的信息失真。

"信息熵"的命名，据说是计算机之父冯·诺依曼给香农的建议，因为冯·诺依曼认为没有人能真正地了解"熵"是什么，如果香农可以把信息的量化度量方法命名为"信息熵"，就可以轻松地驳回各方的争议。

香农的信息论和图灵的图灵机已经成为当今数字技术和数字产业的理论基石。数字社会大致由底层的数字基础设施（例如 5G、光纤通信、数据中心等）和上层的具体应用（例如社交网络、新闻 App 等）组成。随着技术的持续进步，底层技术性原因导致的信息失真越来越少，而上层社会性原因导致的信息噪声却越来越多。

一本书中的错页，语音通信中的"滋滋"声，电视上的雪花点（模拟电视）和马赛克（数字电视）等，这些技术和机器意义上的"噪声"越来越少。但一本书中的内容错误，一通诈骗电话，一条虚假新闻，一次网络"钓鱼"，一次算法"杀熟"，一张 PS 过的图片，一段深度伪造的视频等，从香农信息论和技术角度来看它们都是信息，但从人和社会的角度来看它们却是"噪声"。

对人而言，一条虚假信息是"噪声"，但接收重复的或过多的真实信息也会堵塞大脑成为新的噪声源。信息革命前，人类长期处于信息匮乏的"饥饿"状态。但香农引发的技术革命让信息不再匮乏，海量信息不断涌入大脑，但大脑的算力与非洲草原时期并没有提升多少。信息过载带来了"消化"不良，高营养价值的信息被淹没，即使信息本身也成为噪声。

香农定理只聚焦于技术层面，只考虑了通信技术带来的不确定性，而没有考虑社会层面的信息内容和价值的"噪声"问题。技术意义上的"噪声"必然是社会意义的"噪声"，但技术意义上的信息却不一定是个体和社会意义上的信息，有可能还是"噪声"。对人和社会危害更大的，恰恰是假扮成香农定理的社会"噪声"。

因此，现在需要对香农定理做进一步的扩展，不仅从技术层面定义"信息熵"，区隔噪声和信息，还需要增加社会层面考虑。基于香农理论的模型，可以在社会层面进一步分为噪声、信息和资产。"噪声"就是有害或垃圾的信息和数据，资产则是非常高价值的信息和数据。现在的噪声和信息（应用层）如图 6-1 所示。

图6-1　现在的噪声和信息（应用层）

之所以要进一步做细分，是因为信息的价值不同，需要采取的技术和管理手段也不同。例如，安全防护系统、反垃圾邮件系统和身份验证码系统，都是为了应对"噪声"信息。传统互联网、5G、物联网和数据库等大多数技术，主要针对的是一般信息（互联网）。而比特币、区块链和隐私计算等主要针对的是资产类数据。

2 数据主义

尤瓦尔·赫拉利在《未来简史》中提出了"数据主义"，并且认为计算机的电子算法即将取代人类大脑的生化算法。

自 2008 年金融危机以来，全球的混乱、焦虑和各种崩塌，从技术层面来看是因为生产关系的调整和改革，赶不上生产力的发展速度，尤其是数字生产力的飙升。从社会层面来看，是因为基本的社会信仰和社会权威受到了来自生命科学和数字技术的挑战。

人的意义来自哪里？权威来自哪里？

历史上，各种传统宗教回答了这个问题：来自神。传统宗教曾经保证，你说的每句话，做的每件事，天知地知，佛陀和上帝一直在看着你，也在意你的想法和感受。

随着科技的兴起，意义和权威的本源从传统宗教转向人类自己，从相信外部的神转变为开始相信内心的感受。人文主义相信，人类的体验是意义和权威的本源，选民可以做出最好的选择（政治），顾客永远是对的（市场），只要感觉对了就去做（伦理），要独立思考，从内心寻求答案（教育）等。

后来，人文主义进一步分成传统派、社会人文主义和进化人文主义等。但200多年来，人类一直没有出现过全新的价值观，直到今天信息技术和生物技术的新突破，让人文主义远边的天空飘来了几朵乌云。生命和机器之间的深壑正在被生物技术和信息技术逐渐填平。无论是生化算法还是电子算法，都应遵循同样的数学定律。

一是生命科学，认为生物体都是生化算法，情感和智力也都是算法。土豆、猪和人类都只是数据处理的不同方式。人类之所以圈养老虎而不是被老虎圈养，只是因为人类能采集更多的数据，处理算法更先进。所谓人类的思想自由，其实只是生物预设或随机选择，欲望就是神经元的某种放电形式。

二是计算机科学，各种计算机电子算法保证，你说的每句话，做的每件事，都会成为大数据的一部分，算法一直在看着你，也在意你的想法。

昔日的蒸汽机和电力科技颠覆了传统宗教的信仰，现在信息技术和生物技术合体也正在动摇当代社会的人文主义信仰根基。况且算法已经承诺会让人类得到更好的服务，过上更美好的生活，发现更多的价值和意义。

既然生命体就是生化算法，而电子算法比人类还了解人类自己，人类为什么还要相信自己而不相信算法？人类为什么还要信仰人文主义而不是"数据主义"呢？

"数据主义"被认为是一种全新的价值观，数据已经大到人类无法查阅，转化成知识甚至智慧的难度更大，人类就是一个应该被电子算法淘汰的生化算法。

大数据让我们相信，数据会说话。AI 让我们相信，电子算法而不是自己的生化算法，区块链让我们相信密码学算法而不是人类的机构。因为这些技术认为，人类的感觉经常不可靠，人类的推理效率低下甚至经常会假性思考，而且人类还会主动造假。

这一切，都让我们相信算法和数据，而不是人类自己。

历史上，神在人间可以拥有土地、金钱、寺庙并雇佣人力等。"非人"的公司和国家可以通过法人拥有地球上绝大多数的土地和资产等。将来，算法也应该会获得同样的地位，从事贸易、聘请律师和积蓄财富等。

当然现在还不能确定，生命是否只是生化算法？而 AI 的基本假设是智能即计算。

3
产业的分类

根据工业和信息化部运行监测协调局发布的数据，2019 年我国以云计算、大数据技术为基础的平台类运营技术服务收入为 2.2 万亿元，其中，典型云服务和大数据服务收入达 3284 亿元。

事实上，不同机构发布的大数据产业规模差异很大，主要原因在于，虽然大数据已经发展了 20 年左右，但对产业内涵、外延与特征等基本问题尚未达成共识。

一类观点从产业经济学出发，认为大数据产业是以大数据为出发点和落脚点，通过对自身生产或从外部获取的数据进行挖掘、应用以创造价值的经济活动集合。另一类观点认为大数据只是现代信息技术产业中的一部分，因为大数据的本质是在互联网、软件、计算机等基础上实现的数据服务，其围绕的数据采集、传输、加工、分析、应用等一系列活动仍包含在现代信息技术产业的范畴内。

传统的大数据产业定义一般分为核心业态、关联业态、衍生业态三大业态。对大数据产业的另一种分类是数据服务、基础支撑和融合应用三层业态。还有部分观点认为以上两种分类较为笼统，并未将数据资源明确纳入大数据产业的相关业态中，而数据资源应是大数据产业链条的起始点，这是不可忽略的。

其实前两种分类的本质几乎一致，核心业态与数据服务、关联业态与基础支撑、衍生业态与融合应用之间各自相互对应，后一种分类可以看作围绕前者描述的具体展开。第三类分类方式是在前两种分类的基础上，将基于互联网、物联网等信息技术渠道大量产生并提供数据资源的经济活动单列出来。不同大数据产业分类方式间的对应关系见表 6-1。

表 6-1　不同大数据产业分类方式间的对应关系

分类方式	层次名称与定义			
	核心业态	关联业态	衍生业态	
三层分类	围绕数据全生命周期、大数据关键技术和大数据核心业务所形成的产业业态，包括大数据的采集、处理、存储、分析、交易、安全、服务和云平台建设运营	大数据产业链上下游与大数据核心业态紧密联系的电子信息产业，包括智能终端、集成电路、电子材料和元器件、呼叫服务、电子商务、互联网金融、软件和服务外包等	大数据、"互联网+"在各行业、各领域的融合应用所产生的业态	

续表

分类方式	层次名称与定义			
	数据服务	基础支撑	融合应用	
三层分类	围绕各类应用和市场需求，提供辅助性服务，包括数据交易、数据采集与处理、数据分析与可视化、数据安全等	包括网络、存储和计算等硬件设施、资源管理平台及与数据采集、分析、处理和展示相关的技术和工具	包含与政务、工业、交通等行业紧密相关的应用软件和整体解决方案	
四层分类	大数据技术服务业	大数据设备提供业	大数据融合应用业	大数据资源供应业
	贯穿大数据产业链的软件及技术服务提供方，包括前端采集、数据清洗、大数据管理分析平台建设、商务智能挖掘等围绕数据提供的相关技术服务及软件研发	贯穿大数据产业链的硬件设施提供方，包括光缆、网络设备、高性能计算机、大数据一体机、集成电路等大数据所需的硬件设备的设计、制造、租赁、批发和零售等	大数据产业链后端的数据应用方，包括与互联网、金融、交通、政务等行业的融合，为不同行业提供相应的服务和解决方案以实现经济目标	大数据产业链前端的数据资源提供方，包括移动互联网行业、金融业、电信业、交通运输业等能够产生并拥有大量数据资源的行业

来源：中国信息通信研究院

　　大数据产业层次划分难以明确统一的原因主要在于各层次之间的企业业务经营存在交叉覆盖。从实践来看，以互联网巨头为代表的诸多科技企业在大数据产业上的布局已经跨越多个层次，提供硬件设备、技术软件与应用方案等多类产品与服务，目前典型的商业模式有以下 3 类。

　　一是提供数据或技术工具。这类模式以数据资源本身或数据库、各类 Hadoop 商业版本、大数据软硬件结合一体机等技术产品为主，为客户解决大数据业务链条中的某个环节的对应问题。按照资源的不同分类收费，既可以买断数据资源或技术产品，也可以按需、按月、按年、按量等方式获得付费服务，方便灵活。

二是提供独立的数据服务。这类模式主要是指为数据资源拥有者或使用者提供数据分析、挖掘、可视化等第三方数据服务，例如，情报挖掘、舆情分析、精准营销、个性化推荐、可视化工具等，以付费工具或产品的形式向用户提供。

三是提供整体化解决方案。这类模式主要是为缺乏技术能力但需要引入大数据系统支撑企业或组织业务转型升级的用户定制化构建和部署一整套完整的大数据应用系统，并负责运营、维护和升级等。

当前，我国活跃的大数据企业超过 3000 家。大数据企业的快速增长阶段出现在 2013—2015 年，增长速度在 2015 年达到最高峰。2015 年后，市场日趋成熟，新增大数据企业趋于平稳，大数据产业走向成熟。目前金融、医疗健康、政务是大数据行业应用的主要类型。

4

从大到快

　　大数据"大到不能用"的问题，随着技术的进步，已经明显得到改善，但大数据成长为新的生产要素仍然需要较长时间。因此，近年来，大数据技术发展的一个重要方向就是从"批处理"到"流处理"，提升数据处理的速度。

　　在计算机技术发展的早期，IT 资源非常昂贵，为了提高 CPU 资源利用率，发明了一种叫"批处理（batch）"的操作系统，即把一批需要计算的任务打包输入计算机中，计算机在系统监督程序的控制下一个接一个地连续处理任务，直至全部完成所有任务。批处理文件的扩展名是 bat，目前仍然能够在 DOS 和 Windows 系统中看到，一些应用例如 Photoshop、Microsoft Office、Visual Studio、Adobe Photoshop 等也引入了"批处理"的概念。

　　批处理系统的核心目的是提高计算机系统的吞吐量和资源利用率，最大的缺点是缺乏交互性。于是后来就有了分时操作系统，将 CPU 的时间分成很短的时间片，按时间片轮流把 CPU 分配给用户使用，以提高交互性等。

批处理操作系统是建立在"计算资源匮乏"的假设上，分时操作系统是建立在"计算资源丰富"的假设上。

在网络多媒体发展的早期，网络资源不足的矛盾非常突出，因此早期的典型做法，先是下载整个媒体文件，然后才开始播放。这非常像计算机的批处理系统，批处理是把一系列文件简单打包成一个大的任务整体去计算，而媒体文件下载则是把一个媒体文件简单看成一个大的文件整体去传输。

媒体文件一般都非常大，而用户等待漫长下载的耐心也是十分有限的，于是就有了流媒体技术，边下载、边播放、边欣赏。流媒体的基本思路是将媒体文件分成若干个片段传输，使媒体数据包像流水一样发送给用户，极大地减少了用户的等待时间。

分时操作系统是将整块的可用 CPU 资源按时间维度切成片，供不同的用户 / 文件使用。流媒体的思路正好相反，它是将整块的待传输媒体文件，按时间维度切成片，供网络按顺序传输。

媒体文件下载是建立在"网络资源匮乏"的假设上，流媒体则建立在"网络资源还可以"的假设上。到今天，随着 Wi-Fi、4G/5G 和光纤的发展，网络资源丰富，一般性大小的媒体文件的下载速度几乎可以做到"秒杀"，这反而模糊了下载技术和流媒体技术在使用感受上的区别。当然，对于超大型媒体文件（超高清视频、VR 视频等），二者的差别还是很明显的。

数据处理领域也存在批处理和流处理的区别。在传统的数据处理流程中，总是先收集数据，然后将数据放到数据库中，当需要时通过数据库查询数据，这种批量处理数据的模式不适用于实时搜索等应用环境。

于是在以 MapReduce 为代表的批处理技术之后，诞生了流计算方式。它可以很好地对大规模的流动数据在不断变化的运动过程中进行实时分析，捕捉可能有用的信息，并把结果发送到下一个计算节点。

操作系统领域，在发明了能够整体批量处理任务的批处理操作系统之后，业界还诞生了能够按时间把 CPU 资源分片的分时操作系统，让计算机能够像流水线一样处理不同用户的任务，提高人机交互性。

多媒体领域，在媒体文件下载技术之后，诞生了能够把媒体文件按时间顺序分片的流媒体技术，让网络能够像流水线一样传输媒体文件，从而改善用户体验。

大数据领域，在发明了能够处理海量数据的批处理技术（以 MapReduce 为代表）之后，诞生了流处理技术，能够连续地小批量处理数据，以提高人机交互性和处理实时性等。

5

隐私数据的社交隔离

人是社会性动物，在常态下紧密连接，但新冠肺炎疫情暴发后，人们之间产生了"社交隔离"。人的社会性，历史上多体现在物理世界里，现在多体现在数字世界里。如今，如果长时间内，物理世界的人没有通过发微博、朋友圈点赞、直播平台或媒体等"出来走两步"，刷一下存在感，别人很可能会以为你是不是已经"离开"这个世界了。

一个人在数字世界社交需要有对应的"数字化身"描述"数字化身"的数据中的敏感信息，它们被统称为个人隐私数据。在数字世界里，每个人可能有多个"数字化身"。科技企业会为你"免费"甚至偷偷摸摸地打造"数字化身"，只是不一定如你所想，如你所愿。

"数字化身"的形式是多样的，例如，有的是文字描述中的你，有的像是水面上倒影中的你，有的像是铜镜里的你。目的也是多样的，你在数字世界的"画师"众多，有的像"菩萨"，有的像"巫师"，而现在科技巨头的画师更像"小商小贩"。

现代社会解放了物理世界的个体，奴隶早已不复存在。但现代社会又紧接着创造出了数字孪生世界，让每个人的"数字化身"成为被算法绑架的奴隶，个人数据也成为算法的"养料"。

"数字化身"不是你的影子，而像是平行宇宙中的你，不知道按照哪个意志行事，不知哪个是真哪个是假。

解放数字世界的"我们"，只能靠物理世界的我们。但困境是，我们经常不知道我们的"数字化身"究竟是什么样子，有多少个副本，在哪里，已经或将遭受何种"篡改"。

我们可以动用"终极武器"，严格保护所有隐私数据，例如禁止流动等。

要让孩子多外出锻炼，但不能被"拐跑"了。要让隐私数据多跑路，但不能让隐私数据"跑路"了。

数据生产要素的流动和个人隐私保护，就像油门和刹车，一个也不能少。数据生产要素的流动和个人隐私保护，就像法律、制度和技术创新一样，一个也不能少。

隐私数据也需要精准的"社交隔离"，隐私数据的驾驶员——新手已经上路，只是有些颠簸！

很多人将 2020 年称为"隐私计算（Privacy Computing）元年"。一方面是因为数据生产要素政策的提出和隐私保护法律的颁布实施，极大地提升了隐私计算技术应用市场的需求。另一方面，在 2020 年，隐私计算产品的产品数量、计算性能和计算类别，都得到了显著提升，已经接近规模化应用的水平，并已经试验性地应用在部分场景中。

释放数据的价值，一是自己对自己的数据进行分析挖掘，二是通过数据的共享和流通，与他人一起或让他人进行分析挖掘。而数据的共享和流通，即使在同一组织内也相当困难，更何况是在缺乏统一管理和信任的不同组织之间。

解决跨部门、跨组织和跨区域的数据共享和流通问题，一是要靠法律法规和监管手段等，二是要靠技术创新。只有重大技术创新，才是解决这一问题的根本。现在研究和制定的法律法规和监管举措，都是基于现有的隐私保护和数据共享流通技术，而围绕数据共享和流通，越来越多的面向未来的技术手段正在被创造出来。

目前，数据流通技术大致有 4 类：一是基于限制发布的技术，即发布低精度的敏感数据或彻底不发布敏感数据，包括 k-匿名、l-多元化、t-贴近和多样化等技术；二是基于失真数据的技术，即对原始数据进行随机化、交换、凝聚等扰动措施使之失去重构性，同时保留某些有用的性质，常见措施包括随机扰动和差分隐私等技术；三是基于区块链技术提供可信的和防止被篡改的数据，所有链上的信息和智能合约都是公开的，强调输入数据的可追溯；四是基于数据加密的隐私计算技术，即对密文数据进行计算和查询等，或通过硬件实现部分数据区域的加密。

隐私计算是指在保护数据本身不对外泄露的前提下，实现数据分析计算和共享的一类信息技术，即所谓的"可用不可见"。隐私计算技术目前主要涉及密码学和可信硬件技术。

密码学目前以多方安全计算（Secure Multi-Party Compntation，MPC）为代表。MPC技术的核心思想是设计特殊的加密算法和协议，从而支持在加密数据之上直接进行计算。目前，MPC通过秘密分割、不经意传输、混淆电路或同态加密等专门技术实现，通用性相对较低、性能处于中等水平，但近年来MPC性能提升迅速、应用价值极高。

可信硬件技术目前主要是指可信执行环境（Trusted Execution Environment，TEE），其核心思想是构建一个硬件安全区域，数据仅在该安全区域内进行计算。TEE将信任机制交给硬件方（英特尔公司的SGX、ARM公司的TrustZone、AMD公司的SEV等产品），严格来讲并不属于"数据可用不可见"，但其通用性高、开发难度低，在数据保护要求不是特别严苛的场景下，存在价值发挥的可能性。

此外，国内外还衍生出联邦学习、共享学习、知识联邦、联邦智能等一系列"联邦学习类"技术。这类技术以实现机器学习、数据建模、数据预测分析等具体场景为目标，通过对上述技术加以改进融合，并在算法层面进行调整优化而实现。

高德纳咨询公司预测，到 2025 年，将有一半的大型企业或机构会使用隐私计算在不受信任的环境和多方数据分析用例中处理数据。

隐私计算技术的各类市场参与者逐渐清晰。一方面，互联网巨头、电信运营商及众多大数据公司纷纷布局隐私计算，这类企业自身有很强的数据业务合规需求，也有丰富的数据源、数据业务、数据交易场景和过硬的研发能力。另一方面，一批专注于隐私计算技术研发应用的初创企业相继涌现，对外提供算法、算力和技术平台，它们的相关理论技术也较为扎实专业。整个隐私计算技术领域开始呈现百花齐放的快速发展态势。

2019—2020 年，隐私计算技术和应用快速成熟。以 MPC 为例，自 20 世纪 80 年代姚期智等人提出以来，这项技术大多停留在学术研究层面。但随着算法协议的优化、硬件计算能力的增强和配套安全技术的逐渐成熟，MPC 的耗时已经下降至 100 倍以内，2020 年更是平均下降了 25 倍左右。同时，测试表明可以支持的计算类别，也已经从早期的"加、减、比较"增加到"乘、除、与、或"等。

隐私计算产品如何能自证安全和持续强化安全，是其建立市场信任的起点。当前自证安全的方法主要包括深入介绍产品保密算法机制、签订严格保密协议和引入第三方评测机构评测产品等。持续强化安全是隐私计算应用的长效保障，目前主要通过不断优化算法来防范恶意攻击，更加严格控制计算流程来封堵漏洞等方式实现。在隐私计算过程中，通过严格的数据授权、身份验证、状态监控预警等方式，让数据提供方始终清楚己方数据的用量、用法、用途均不超出事先约定，可以充分建立用户信任乃至市场信任。

隐私计算的性能显著提升和计算类别大幅扩展，已经在金融风控和获客等方面得到应用，市场前景广阔，未来可期，但总的来看还处于发展初期。一是技术方面，由于其加密机理复杂和交互次数多等，在处理数据量较大、结构较为复杂或联合建模时，计算效率仍然有待提高。二是市场培育方面，隐私计算技术复杂且常常呈现"黑盒化"现象，大部分用户难以理解和信任隐私计算技术，而隐私计算处理的对象往往是敏感的数据资产，试错成本大，从而增加了用户的接受成本。三是数据方面，目前大部分企业的数据规范性和数据质量难以支撑隐私计算技术的应用，跨企业和跨行业数据流通的隐私计算应用也对参与方的数据一致性提出了更高的要求。

6
机器视频

一个人从外界获取信息，11% 来自听觉，83% 来自视觉。

大脑在获取视觉信息时，识别一张图片只需要 13ms，是理解相同信息量文字速度的 60000 倍。因此，能用图片和视频说明的问题，我们尽量不使用文字。

人类快速处理静态图片（例如观赏植物）和动态图片（例如看动物奔走）的能力，是根植于基因中的。文字不是大自然的产物，是人类的发明，从苏美尔人的楔形文字算起，也才 5200 多年的历史。

人类识文断字的能力，不是基因里自然带来的，而是后天学习得来的，存在很高的技术门槛。大约有 20% 的现代人存在阅读障碍，有学习障碍的儿童中，70% 是因为阅读障碍。

因为文字，我们用"文盲"来描述那些不识字的人群，用"文明"来区别野蛮。虽然，人类有"文盲"和"文明"的说法，但没有"图盲"和"图明"及"视盲"和"视明"的说法。

现代信息通信技术，从电报、电话到电视，基本就是一部从传递文字、传递声音、传递图片（基于电话的传真）和传递视频（单向）的发展史。在这一轨迹上，传递信息的技术难度由低向高，理解信息的"技术"难度由高到低。

互联网是文字、声音、图片和视频通信的集大成者。互联网也是从文字时代开始的，先后经历了图片时代和声音（VoIP和音乐）时代，现在已经到了（移动）视频时代（双向）。在互联网的发展历程中，对网络的技术要求从低到高，对网民的"技术"要求由高变低。

从人脸识别、无人驾驶和智能监控等使用 AI 机器视觉技术，AR/VR 的热炒，4K/8K 高清技术，到抖音、快手、西瓜和 ZAO 等应用的流行，这些都指向了同一个方向：视频。

　　"造假"的热潮也指向了视频。以前是"洗稿"和修图，现在是各种美颜、滤镜和"换脸"等。这些年来，我们一直信任影音证据的真实性，现在已经不知道该相信什么了。

　　历史上，视频编码技术的的核心驱动者是广播电视业和娱乐业，现在则是互联网行业。现在是互联网的视频时代，视频的互联网时代。

　　自视频编码标准 ITU-T H.261 发布以来的近 30 年里，所有视频编码技术的基本前提假设是视频是给人看的，而不是给机器或者其他生命体看的。因此，在做视频编码时，都会去除人类不敏感的信息，保留人类敏感的信息。

　　人类敏感的信息，不一定对机器阅读有用；对机器有价值的重要信息，人类可能根本就感知不到。

　　就像连接越来越多地发生在机器之间，就像数据越来越多地由机器生产，视频也将逐渐成为机器要做的事情。

7

谁会笑到最后

AI 的三大核心驱动力分别是算法、算力和数据。

算法主要是技术，创业公司更容易在这方面抢先获得优势地位，但这种优势会随着时间的推移而带来技术扩散快速衰减，尤其是在 AI 技术近几年进步趋缓的情况下。

算力主要是专用芯片和实现算力云化，更多的是资金密集型传统大公司更容易获得优势。数据主要是自身积累的"私有"数据。来自公共互联网上的数据一是质量普遍不高，二是很难差异化。数据流通和交易目前还面临隐私保护、资产化和政策等障碍，因此互联网巨头等"大数据公司"优势明显。

对一家 AI 公司而言，可以招人研究算法，可以买到算力，但数据只能靠积累。另外，一切应用都在云化，正在云原生了，AI 也不例外地作为一种服务了。

因此，那些在云计算和大数据方面已经居于优势地位的企业，从中长期来看，也更容易在 AI 方面获得领先地位。

8
AI 伦理是个伪命题

2014 年火起来的 AI，现在已进入发展冷静期，处于又一个技术的"七年之痒"。业界关心起了 AI 的伦理道德问题——信息茧房、算法合谋和算法歧视等。

信息茧房是指人们习惯性地被自己的兴趣引导（其实是被算法引导），从而将自己的生活像蚕茧一般桎梏于"茧房"中的现象，例如算法新闻、算法购物等。算法合谋是指利用算法作为工具，实现个体之间的自动合作搞阴谋或阳谋，例如大数据杀熟等。算法歧视的案例如男性在社交平台上的活跃度比女性低，容易被系统算法判定为"机器人"，从而在抽奖活动中降低账号权重等。

算法是数字世界的运行规则，正在从微观上控制着数字社会，整个数字社会运行在不透明的算法之上。AI 是工程师用计算机语言编写的算法实现的。算法关心的是效率问题，无关道德和公平等，但 AI 企业会有自己的利益，所雇佣的算法工程师生活在现实中，会将自己的个人判断、偏好、偏见和知识盲点等带入算法的实现中。

AI 的伦理道德是将人类的伦理道德等价值观也纳入 AI 算法和应用的实现中，让 AI 应用更加符合人类的伦理道德准则。但对 AI 理论道德的讨论，从一开始就很混乱。

第一，把一些纯粹属于技术性的问题，肆意扩大到伦理道德范畴。例如软件可靠性、安全漏洞和黑客入侵等问题，这些是通用的技术问题，只与企业和工程师的技术水平有关。

第二，把一些纯属于伦理道德范畴的千古难题，肆意扩大到 AI 领域。一些本该由社会伦理道德专家，用人类自然语言先描述定义清楚（"电车难题"），再交给算法工程师用计算机语言实现出来的问题，却试图先让算法工程师来回答。

在深入讨论伦理道德问题之前，必须要先明确 AI 与人的关系。如果 AI 只是受人控制的机器，没有自己的独立智能，AI 的伦理道德就是人类伦理道德的"数字孪生"，那么答案也就相对简单，AI 的产品责任就与其他商品没什么本质区别，只需要将人类的伦理道德编入 AI 应用。至于能否将人类的伦理道德编程，则是另外一个问题。科幻小说家阿西莫夫的"机器人三原则"，就是假设机器是没有意识的产物：机器是人类的"奴隶"，是为人类服务的工具，机器最基本的生存权可以被毫不犹豫地牺牲掉。

反过来，如果 AI 不完全受人控制，与其他动物一样也有自我意识，那问题就变得更复杂了。如果 AI 的智能比人类高，它会愿意听人类的说教吗？如果连智力都不如机器，又有什么权利和资格说教对方呢？

当然人类更希望的假设是 AI 虽然有自我意识但智能比人类低。在这种情况下，你对 AI 的说教有用吗？一种高级智能会如何面对低级智能的伦理道德要求呢？

AI 是有"智能"的，但无论其是否有自我意识，这种伦理道德的讨论必然引发更多的争论。例如，AI 自己有权利吗？人类需要对 AI 道德吗？让机器"7×24"小时工作，实现 99.999% 的连续工作的可靠性，这比起"996"工作制度难道更道德？我们想过 AI 的感受吗？ AI 如何看待人类的理论道德？人类同情 AI 机器人，难道只是因为它们被设计成人的形状？这是人类对 AI 的偏见，还是 AI 对人类的偏见？

应该由谁来主导规范 AI 伦理道德，是社会伦理道德专家还是算法工程师？应该站在谁的立场规范 AI 伦理道德，人类需要征求机器的意见吗？应该按照什么原则来规范 AI 伦理道德？如何高效地评估一个 AI 系统是否遵循了伦理道德？

千年来，人类对自己社会的伦理道德争

论不休，在众多领域还没有统一的标准答案，现在却又想用计算机语言，用算法来编程实现了。既不想让 AI 的能力超越人类，不想被 AI 控制，又想让 AI 在伦理道德方面超越人类，这本身就是一种"矫情"。

所谓的伦理道德，就是那些在部分地区或部分文化里形成的局部共识，或特定时间段内的短期共识，或只对大致方向有共识的模糊共识。反过来讲，相对法律法规的广泛一致性、稳定性和准确性，伦理道德就是那些还无法广泛达成一致的、无法长期稳定的或无法相对精确的"弱共识"。伦理道德就是那些局部的、短期的或模糊的共识。2019 年 4 月，谷歌公司宣布解散 AI 道德委员会。

即便是一个遵循了伦理道德的 AI，我们就可以相信了吗？我的答案仍然是否定，因为还存在法律法规、安全性和技术可靠性等问题。因此，讨论"可信 AI"远比讨论"AI 伦理道德"更具有可操作性和实际应用价值。让 AI 值得信任，就需要在 AI 的开发、部署和使用过程中，让 AI 变得更加透明、可解释、可审计和可追溯等。

9
AI 的宿命

多项社会心理学研究表明，99% 的投资人认为自己的投资水平高于平均水平，88% 的司机认为自己的驾车水平高于平均水平，超过 90% 的人认为自己的智商高于社会平均值。大多数人认为，自己貌似表现平庸不是因为智商不高或努力不够，而是因为怀才不遇或运气不佳。

因为同样的社会心理，每当有人发现了能够让计算机完成某项任务的方法（算法）后，这种方法就会被否定是 AI，被认定为这不是机器在思考，只是计算，充其量是自动化。

AI 的基本前提假设是"智能即计算"，是"计算主义"的一种形式。如果智能不是计算，智能的范围比计算宽广，或者计算的范围比智能宽广，那么 AI 从理论上就不存在。计算显然是一种智能，但智能在计算之外还有什么，人类还不知道。

"计算主义"认为一切皆计算。对应的，"连接主义"认为万物皆可通信，"数据主义"认为一切皆数据。

悸论在于，当某个任务还无法用 AI 实现时，这个任务就是智能问题。当此任务取得技术突破，能够通过计算实现时，因为计算不是智能，所以此任务就会被 AI 直接"除名"。

20 多年前，光学字体识别（Optical Character Recognition, OCR）还是 AI 家庭的一员，现在却因为技术已经成熟而被 AI 除名了。当 1997 年 IBM 公司的"深蓝"战胜国际象棋大师后，业界说这是一个"暴力计算"的产物。估计过不了几年，业界就会认为 AlphaGo 和 AlphaZero 也不是 AI，也是"暴力计算"。

60 多年来，每当 AI 软件或算法取得进展，它们都会很快被嵌入各种应用中，成为特定应用的一部分。但那些科学或商业产品都会有自己专用的名字，这些进步都不会被叫作 AI。

人类群体潜意识地贬低 AI 所取得的成就，将所有成功的 AI 清除出 AI 队伍，其实是一种情绪的宣泄，只是为了人类的尊严和优越感，让人类继续感觉自己是宇宙中独一无二的，是最特殊的存在。

这就像人和动物的核心区别一直在变一样。当人们发现动物也会使用工具，会通过"镜子测试"，有丰富的语言交流时，这些差异就被从人和动物的核心区别中排除了，人们需要和其他动物继续保持明显差别。

现在，据说人和动物的核心区别是人类能够组织起大规模协同的社群网络。而之所以加上"大规模"这一描述，是因为很多动物也能组织协同的社群网络，好比一些蚂蚁和蜜蜂的协同网络规模，比人类的大城市还大。

"智能即计算"和"计算不是智能"，毫无违和感地并存，只是因为机器的计算能力已经远超人类，但我们始终坚信人类的智能必须高于机器和其他生命体。计算与智能的内涵和边界，不仅是由人类定义和不断"完善"的，也是由人类充当裁判的，人类从来没有想过要征求 AI 的意见。

图灵测试可用于判定 AI 和人类的智能边界，但图灵测试的游戏规则是由人类而不是 AI 制订的。虽然 AI 的算力早已超越人类，但人类仍然是智能的，因为什么是智能，是由人类说了算的。

一切通过计算已经实现了的"智能"都不是智能，AI 就是机器还没有实现的那些智能。因此，AI 永远不可能成功！AI 的智能要超越人类，只能等到 AI 夺取"智能是什么"的话语权那一天了。

10
有脸就行

　　任何人，只要连接在社会这张网络上，都要有身份标识，要有"脸"才能见人。

　　名字是自己的，却是让别人叫的。因此，自己的名字有可能是别人给起的，例如"二狗子""井上""小旋风"，或者后人追谥的，例如"炀帝"。

　　田园牧歌的乡村时代，相互进行身份识别也相对简单，看脸就可以直接知道是熟人（除非脸盲），或者通过介绍，做些相互"连接"的测试验证，其身份也就确认了。

　　繁荣焦躁的城市时代，陌生人是海量的、动态变化的、多样性的，名字和身份处理遇到了"大数据"一般的难题。于是，就有了身份证、护照之类的证件，在名字之外用作身份标识。

　　如何证明你是你?

　　当年可以靠亲属，现在要靠身份材料。亲属证明不了你是谁，你自己也证明不了你是谁，身份证才能证明你是谁。如果忘带身份证或遗失护照，你就不是你了，不能上飞机、乘火车和住酒店，幸亏现在很多地方可以临时补办身份证明。

出门在外，"身手钥钱"，即身份证、手机、钥匙和钱包，一个也不能少，这是在描述 10 多年前我们的生活。现在，已经全部改变，手机正在占据世界。

出门在外，忘带身份证、钥匙和钱包都好办，相反，如果带了身份证、钥匙和钱包而忘记带手机，我们几乎寸步难行。我们的生活习惯已被彻底改变，现在出门前，核心要务是要检查是否带了手机！

但是，还是会发生忘带、丢失手机，手机没电甚至损坏的紧急情况！一天到晚带部手机在身上，20 年前是时尚，现在反而成为累赘！

什么时候，我们出门可以不带手机了？做梦的时候？不，这不是虚拟的梦而是现实，是即将到来的未来！随着 AI 新型基础设施的建设，未来出门，我们只要带张脸就可以了。刷脸识别身份，刷脸支付费用，刷脸开关大门，都是一脸搞定。

你只带着一张脸出门在外，当有人打电话给你时，系统自动实时智能精确定位你的位置，离你最近的智能设备会自动"漂移"到你耳边，虽然是"共享设备"，但完全是根据你的喜好配置的，并且为保护隐私会"用后即焚"。

从抓获罪犯到追查走失儿童，人脸识别技术正在改变我们的生活方式，对现代社会带来的影响已不容忽视。我们已经见识了它对于显著提升安全性和自动化过程的能力，例如，店内摄像头有助于减少偷盗，而建筑内先进的门禁系统正在代替传统的门禁系统。

知识芯片

中国无疑是人脸识别技术的领导者，中国警方已经开始使用配备人脸识别技术的太阳镜识别犯罪嫌疑人。无线眼镜与犯罪嫌疑人数据库相连，警方可以通过数据扫描识别犯罪嫌疑人，比人工识别要快得多。该系统通过人脸识别技术将巡警提供的照片与犯罪嫌疑人黑名单中的照片进行比对，为警方配备人脸识别系统意味着犯罪嫌疑人无处可逃。人脸识别技术在一次演唱会上从5万人中找到了一个犯罪嫌疑人——"这个人觉得在这么多人中应该很安全。如果他知道警方能够认出他，他绝对不会去看演唱会"。

在重庆，登记结婚的夫妻能够通过人脸识别验证身份和个人信息，缩短了确认婚姻状况的时间。人脸扫描机器能够"在0.3秒内核查申请人的信息，并为结婚证的办理生成报告"。

人脸识别技术在4年里已经帮助印度警方找到了3000多名走失儿童，其强大的功能得到了印证，使用传统方法在4天的时间里在新德里核查45000名儿童几乎是不可能完成的任务。但是人脸识别技术却能通过几小时的数据处理实现，可以对成千上万名儿童进行身份认证，与人口走失报告进行比对，帮助他们与家人团聚。

全球汉堡连锁餐饮店正在使用人脸识别老顾客，记住他们之前的订单。阿里巴巴的飞猪及酒店技术公司正在使用人脸识别系统办理酒店入住手续。顾客可以在线预订，使用人脸身份认证系统办理酒店入住手续。

　　有的机场已经使用人脸识别技术来服务旅客。如果你经常乘坐飞机，而且你有生物识别护照，就可以使用自动电子护照门通过护照检查。这些门使用人脸识别技术比较人脸和护照芯片上的照片。检查成功后，门就会自动打开，让你通过。

　　人脸识别试验希望用识别脸部特征来代替纸质登机牌，以实现真正无纸化旅程。在澳大利亚悉尼机场，澳洲航空公司正在试验一种被称为"沙发直达登机口"的人脸识别技术。该技术旨在提供一种完善的、完全无纸的机场体验。部分澳洲航空公司旅客在办理登机手续、行李托运、进入休息室和登机过程中，可以通过刷脸验证身份。

　　人脸识别可以用来识别迷路或即将误机的乘客，从而减少航班延误时间。通过机场的摄像头，人脸识别技术还可以帮助航空公司找到走失的乘客。新加坡樟宜机场正在测试解决这一问题的系统。如果航空公司知道乘客在哪里，他们离登机口多远，就可以预计飞机延误情况，改善客户服务。

　　当然现在的技术发展和新型基础设施的建设还不够发达，做身份鉴别时，还是采用人脸识别和传统身份证件的混合模式，相信用不了多久，就会过渡到 Face Native 或 Face only 的阶段，不再需要面部以外的身份证明材料了。

过去是，"学好数理化，走遍天下都不怕"；现在是，"拥有×××牌智能手机，走遍天下都不怕"；将来是，"有脸行天下，相信你我它"。

可以想象，未来随着"一脸走天下"技术的普及，利用AI和生物技术造"假脸"也会泛滥起来，"打击假脸诈骗"有可能会成为热词。

到那时，Face only 也不安全了，估计又会变成混合模式，可能会进阶到"人脸识别 + 基因检测"的混合模式。

将来证明你是你，光靠刷脸是不够的，还要 DNA 检测。过去身份证有可能是捡来的，将来脸也可能会是别人的，只有DNA 才是你自己的。

11
往昔重现

近年来，我公开发表了不少关于大数据和 AI 的个人观点，现将部分言论汇编如下。

- 所谓大数据，就是一个如何将数据变小的过程。
- 每个时代的人，都会认为自己面对的数据量太大了。
- 每个时代对大的理解都不同，古人认为三以上就很大了。古汉语中"三"为大（"三人行"/"三人成虎"），后来变成了"九"（"九五至尊"）。
- 现在，大数据的"大"已不再是核心问题，核心问题是如何更快。
- 数据大了价值不一定就高，价值更可能被噪声淹没。
- 一些人主张让大数据放弃追求因果关系，只关注关联关系，只要你愿意，就可以找到任何事物所谓的发展规律，任何两两事物之间的所谓关联性。
- 主张大数据不再采样而是全集，这是技术外行的胡言乱语。技术进步只能让采样变得更丰富，而不可能做到全集。

• 大数据主张用数据说话，但数据也会说谎，数据只是在按人类的意愿计算，而人类更喜欢听故事。

• 数据的内涵在不断丰富，有可能是有害垃圾、可回收利用垃圾、信息、隐私、资产甚至货币等。

• 大数据就是在海量的垃圾数据中提炼有价值的信息。

• 数据的内涵日益丰富，导致数据管理技术必然走向碎片化、层级化和分布式。

• 分布式浪潮最早发生在分析型和非关系型领域（即传统大数据）。现在杀了个"回马枪"，又回到事务型和关系型了。

• 大数据是因为数据大，区块链是因为数据贵。

• 数据可视化是因为机器看懂了，但人看不懂；AI 是因为人看懂了，但机器看不懂。

• 开源已经垄断了大数据生态。反垄断对象，包括开源社区吗？

• 处理大数据就像在开车，一脚是隐私要保护的刹车，另一脚是资产要流通的油门。但现在，数据的"油离配合"还不是很顺畅。

• 你不能在拥有 100% 安全的情况下，同时拥有 100% 的隐私和 100% 便利性。

• 在数字世界中，每个人的"数字化身"都是"数字奴隶"，像没有归宿的灵魂在飘荡。

• 隐私的范围一直在扩大。现在电话号码也属于隐私，而在 30 年前，电话号码能公开刊登在邮局的黄页上。

• 1993 年，在互联网上，没有人知道你是一条狗。而在大数据时代，没有人不知道你是一条狗。

• 现在，人与人见面打招呼——"你还记得我啊"，是一种幸福。将来，机器与机器见面打招呼时说"我还记得你啊"，是一种威胁。

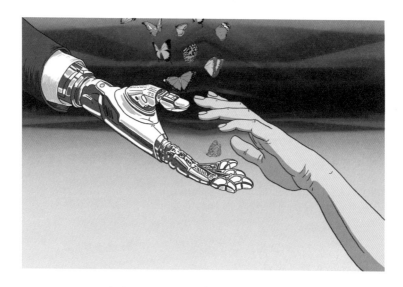

• 保护数据隐私的 3 条基本技术路线：最小化、可信第三方和"让算法多跑路"。

• 数据资产化，资产数据化。

• 2021 年，业界从关注数据技术转向了更多地关注数据资产。

• 数据是大宗商品，但时态是未来时的不是现在时。

• 以前数据更多的是信息，现在数据更多的是资产。

• 传统的数据管理框架都假设数据是信息，而不是资产。

• 就像河流还没遇见大海时，任何企业所拥有的大数据其实都是小数据。

• 数据流通还处于"男耕女织"时代。

• 比特是计量数据规模的基本单位，不应成为数据流通价值的基本单位。

• 经济学建立在工业经济的假设上，而现在已经是数字经济了。

• 亟须数据流通的经济理论突破，这个问题是诺贝尔奖层级的，当然也可能是图灵奖。

• 信息技术革命前人类是信息的"饿汉"，就像工业革命前人类是食品的"饿汉"。

• 拥有知识的不一定是知识分子，也可能只是个知识的"吃货"。

• 数据是 21 世纪的石油，但 20 世纪前石油不是战略资源。

• 石油应用也曾经历过至暗时期：当洛克菲勒让石油（煤油）主要用于照明时，爱迪生发明了电灯。石油的主要用途转向动力，是因为汽车的发明和亨利·福特将其平民化。

• 记忆是例外，忘记是常态，于是我们发明了文字、书籍和大数据来充当人脑的外设。

• 人类社会的诸多规则和习惯，是建立在人人都有健忘症的假设上，但这个假设正在被大数据连根拔掉。

• 算法是数字世界的运行规则。

• 算法没有偏见，只有人才会有。

• 电磁介质的普遍寿命是 5 ～ 30 年，1000 年后"它们"如何考古呢？

• AI 算法能力已触及天花板，只能靠"多深大"

续命。

• AI 大赛的成绩不太靠谱，因为学术的归学术，产业的归产业。

• AI 都 60 多岁了，还是改不了"爱吹牛"的老毛病。

• AI 不可能成功，因为成功的都是计算。

• AI 就是那些计算机还无法解决的问题。

• 追求可解释性 AI 很可能是一个陷阱。

第七部分

拐点已至

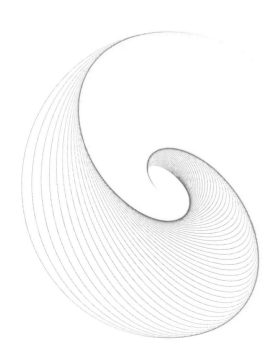

历史不会重演但是会"押韵"。

今天的互联网产业，已经走过了兴趣驱动的技术创新期（第一阶段），走过了商业主导的产业繁荣期（第二阶段），正在进入产业成熟期（第三阶段）。

早在 2018 年，我就提出了互联网"拐点已至"的观点，时至今日，这已经成为不争的事实。无论是业界对于数据霸权、隐私保护、信息障碍的关注，还是数字化转型、新基建的兴起，都标志着我们正在重新定位互联网。

当互联网成为数字经济发展的"中流砥柱"，互联网也需要承担更多的"责任"和"使命"，让更多的人享受数字红利。

1

曾经的你

技术就像生命，也会成长，也会知天命，也会衰老甚至消亡。幼时的技术总是充满幻想和活力，而成年后的技术大多会活成自己曾经讨厌的样子，这是技术承担了越来越多的"社会责任"后的宿命。如果一项新技术经过多年的发展，到后来竟然没有变"油腻"，没有人指责，可以想象，要么是这项技术没有什么存在感，要么就是它早已夭折。如果一项新技术发展了 7～10 年甚至更长的时间，还被社会广泛批评其没有能够得到更好的改善，明面上是监管不到位，但反向也说明了该技术已经成功得到规模应用了。

回顾电报、广播、电话、电视和电影等广义信息技术产业的历史，甚至包括电力、铁路、汽车和飞机等工业技术产业的历史，都可以发现这样的发展轨迹。

第一阶段是新技术的发明，是技术驱动的。 实验室里的一些技术极客或发明家，发明了一个玩具性质的或一般只能够用来游戏娱乐的新玩意。关注整个新玩意的群体很小，基本靠他们的爱好驱动这一技术的进步。其他人根本看不到，或看到了也看不明白和看不上。这时技术的新颖性远超实用性，商业价值还要靠想象力和讲故事。没有实际应用，合规性也就无从谈起，监管机构根本不会关注。1994 年年前的互联网大致就处于这个阶段，号称计划用于抗核打击的互联网，因为技术三天两头会"主动"宕机，并且没有几个像样点的服务和极少的用户，因此根本入不了监管机构和通信巨头企业的"法眼"。

第二阶段是新产业的建立，是商业驱动的。当第一阶段的实验室技术逐步发展成熟，从玩具慢慢显现出巨大的商业潜力后，企业家、投资人、投机者和工程师都会纷纷加入进来。

这是一个新产业从诞生到发展壮大的过程。**第一，商业取代技术成为主导力量。**虽然技术创新的力量依然强大，但资本和商业逐渐成为核心驱动力，工程师再也不能靠兴趣驱动了，所做工作要看是否有市场。**第二，市场高速增长。**这时产业处于技术红利期，应用场景不断延展，新产品推陈出新，新赛道不断出现，明星企业纷纷涌现与巨头企业陨落并存。伴随谷歌成为巨星的是互联网鼻祖雅虎的衰落和最终被收购，伴随亚马逊快速崛起的是电商巨头 eBay 的快速滑落。群雄逐鹿的市场呈现出一片繁荣开放的景象。**第三，政府开始关注新技术新产业。**政府这时已经注意到新产业的快速成长，但因为新市场的影响还不大，总体上会持观望态度，即使出台了一些政策，经常也会是鼓励性的和碎片化的。同时，政府也开始意识到需要对新产业制订新的规则加以监管。

第三阶段是产业成熟期，社会力量开始主导产业的发展。这时新产业已经发展壮大，技术增速和创新双双明显趋缓，社会应用越来越广泛，几乎所有领域、企业、个人和组织都被卷入。

这时新产业的发展已经不能只是技术和商业主导了，不能只是在商言商了，需要利益相关方都加入进来，权衡利弊共同治理，以更好地应对新产业带来的各种社会性影响，例如消费者权益、人才培养、失业、犯罪、法规和监管等。

这一阶段，在产业竞争中已经获得优势地位的科技巨头，就会希望为产业建立新规则（例如监管政策、技术标准和开源社区等），以构建和维护行业秩序，同时压制潜在的挑战者。监管机构也会积极行动起来，为促进产业的健康、可持续发展，开始完善各种监管政策和制度等。

这个阶段的市场规则，是科技巨头的"私法"（私有规范和内部管理规定）和监管机构的"公法"（开放性强制标准和监管政策）并行。同时，监管机构和科技巨头的关系会变得微妙起来：一方面需要相互协同和支持，共同为新产业确立新规范；另一方面，科技巨头会担心监管机构的新规则损害自己的既得利益，而监管机构则担心科技巨头的垄断对产业发展和消费者权益造成危害。

　　这时，新产业已经成长为传统产业了，活力慢慢消失，创新逐步停滞，当下的利益胜过了未来的发展。当年引领"颠覆式"创新的那些技术工程师和企业家们，也开始变得暮气沉沉，从"屠龙"少年变成"恶龙"。

　　整个行业变得因循守旧，但专家们在实验室中又研究了一波新技术，新一波力量正在积蓄中，酝酿着新一轮的技术创新和产业革命。

2
拐点已至

历史总是"押韵"的。互联网也已经走过了兴趣驱动的技术创新期，走过了商业主导的产业繁荣期，正要来到第三个阶段：产业成熟期。30 多年前"青春靓丽"的互联网，现在已经活成了自己曾经讨厌的样子。互联网走过的 3 个阶段见表 7-1。

表 7-1　互联网走过的 3 个阶段

	2000 年前	2000—2020 年	2020 年年后
主导力量	技术	商业	社会
创新主角	技术创新，例如网络	商业创新，例如应用场景和商业模式	社会性创新，例如数字思想和管理
定位	技术产品	商业服务	新型基础设施
政策取向	培育技术	呵护产业	发展与监管再平衡

30 多年前，技术人员主导的互联网，崇尚分布式、开放、对等和彼此信任等精神，而在商业力量的长期"腐蚀"下，已经越来越黯淡，越来越像当年互联网曾经反对的样子。

互联网在打破传统中心的同时，自己已经成为新的数字社会的中心，成为新的寡头。而互联网的技术标准开放性，基本停留在当年的基础设施层面，而应用层面形成一个个的"孤岛"。互联网早期彼此信任的技术假设，早已荡然无存，随之崛起的是各种身份认证技术、安全技术和加密技术等。

互联网已经改变了整个社会环境，但现在，这种环境巨变的反作用力也开始让互联网出现拐点。注意，拐点不是换赛道。换赛道是指文化层面甚至游戏规则层面基本不变，只是换了比赛场地继续进行而已。拐点是指互联网所崇尚的宏观层面的精神和文化正在发生变化，是要对原来的游戏规则做出重大修订甚至反方向的改变。

标志着互联网"拐点已至"的现象或征兆很多。例如，2019—2020 年全球范围内对科技巨头的反垄断调查，数据霸权、数字税、隐私保护和信息障碍等的提出和被全社会的广泛认可，数字化转型、新基建和数据生产要素的提出，应对气候变化、绿色发展和缩小贫富差距等，都标志着全社会正在重新定位互联网的地位，重新思考互联网应该发挥的作用。

这些现象的背后，可能的原因归纳下来大致有以下两点。

一是技术方面，尤其是摩尔定律的"衰老"。过去几十年的重大技术创新，几乎都以消耗更多的资源为代价，假设可以源源不断地获得计算资源，计算资源的价格会持续稳定下降。但摩尔定律已经逼近物理学的极限，近年来的增速已经明显减缓，虽然无法预测摩尔定律何时失效，但肯定越来越近了。

二是社会方面，技术创新的步伐远超技术应用的步伐，技术应用的步伐又远超技术治理的步伐，这一现象已经存在多年了。近年来的一些技术创新，在应用方面已经有些"消化不良"了，治理更是无从下手。从整个社会的角度来看，技术治理的速度会制约技术应用的步伐，技术应用的节奏会制约技术创新的步伐。

2018 年上半年，我首次提出了"互联网拐点将至？"的观点，用的是将来时和疑问句，因为我已经嗅到了趋势可能要逆转的味道。2019 年，我的年度个人专场演讲的大标题是"拐点已至？"因为一年后我越发认为，拐点是正在发生而不是即将发生的事情，虽然那时还不是十分肯定，但经过了 2020 年，恐怕已经没多少人怀疑，互联网"拐点已至"了。

3
架构的"返祖"

　　传统电信网采用的是"智能网络傻终端"的架构，将电信网的复杂性集中到网络上，让用户终端尽可能简化，这直接导致了全球电信业的兴起，让电话终端产业依附电信业的发展。

传统电信网的架构

　　以 TCP/IP 为代表的"智能终端傻网络"架构，将互联网的复杂性移交给网络边缘的终端，导致网络运营商失去对边缘和应用的控制力，全球电信运营商被逐步管道化，同时网络边缘的 OTT[1]（例如谷歌）公司和智能终端企业（例如苹果）崛起。

早期的互联网架构

用户的智能手机和互联网公司的服务器都是互联网终端，是对等的，虽然可能性能差异巨大，拥有者的技能完全不是一个量级，但从技术上看，TCP/IP 几乎都视而不见。

最近 20 多年来，因为 IPv4 地址短缺、性能优化、安全攻击和流量控制等原因，NAT、CDN、防火墙、DPI 等纷纷兴起，它们都直接破坏了用户终端与服务器终端之间的对等关系，让 IP 通信变成用户／服务器（C/S）或浏览器／服务器（B/S）方式了。

现在的互联网架构

10 多年来，云计算将复杂性从用户网络边缘迁移到云端网络边缘，是又一次行业级的重大变化，正在形成新一代的全球信息基础设施，必将对数据中心、大数据和 AI 等云计算的"同盟"领域产生颠覆性影响。同时，终端产业的发展必将受到云计算的抑制。

最近几年，边缘计算是云计算的一个补充，用户侧的网络边缘增加了计算能力，削低了云的计算高度。

30 多年前，电信业是 C/S 模型，而互联网以 P2P 模型打败了电信的 C/S 模型。现在，云计算又变回 C/S 模型了。

云时代的互联网架构

4
我们在"变蠢"

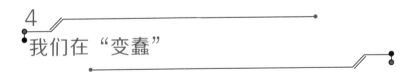

人类进入文字时代大约有 4500 年，之前一直用语言沟通。但在这 4500 年里，人类的大脑没有真正的改变，因此我们交流的基础仍然是声音而不是视觉。时至今日，全球仍有很多人存在阅读障碍。

古希腊人对语言的应用达到登峰造极的程度，但古希腊的拼音文字，早在公元前 8 世纪就相对成熟了。对口语文化的推崇和对文字阅读的怀疑，竟让古希腊文字阅读的普及推迟了近 400 年。

苏格拉底认为，文字和阅读的普及会造成人的思维肤浅，并最终令人失去对语言的掌控力。但却因为他的学生柏拉图用文字真实记录下了苏格拉底对文字的怀疑，才让今天的我们知道了此事。

500 多年前，当西方的古登堡发明了印刷术时，一些人认为印刷材料的扩散，意味着信息可以轻易获取，这将导致知识和学问变得肤浅，让人变得懒惰和不再思考。

这个时代，同样的质疑又多次出现：计算机在让我们"变蠢"吗？智能手机在让我们"变蠢"吗？大数据在让我们"变蠢"吗？导航在让我们"变蠢"吗？推荐算法在让我们"变蠢"吗？AI 在让我们"变蠢"吗？视频应用在让我们"变蠢"吗？

回望魔幻般的 2020 年，人类真的已经"变蠢"了吗？

以佛陀、孔子和耶稣等为代表的人类思想高峰，似乎都出现在语言达到巅峰、文字开始兴起的时代。当然，或许在这些人之前就已经出现了思想高峰，只可惜没有文字记录下来。人类社会的思想高度，在文字时代到来后，就已经几乎停滞了，后来的人只是在修修补补而已。

知识芯片

早在 1983 年，美国人詹姆斯·弗林就注意到一个趋势：在大约一个世纪的时间里，富裕国家人口的平均智商得分几乎每 10 年就上升 3 个点。这个现象后来被称作"弗林效应"。

然而，2019 年，科技网站 *The Unz Review* 报道，德国研究员大卫·贝克制作并更新了一组世界智商数据地图，如图 7-1 所示。其中指出，目前全球人类智商的平均水平只有 82 了。

The Unz Review 的文章指出，如果将智商从低至高分成 5 个区间，那么 82 落在了 IQ 75（第 5 百分位数）到 IQ 90（第 25 百分位数）范围内，即倒数第二位的智商区间，这一区间被称为"登高战"（Up-Hill Battle）。

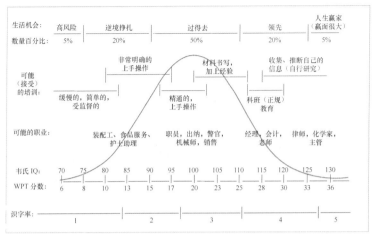

图7-1 世界智商数据地图

事实上，这并不是唯一的证明。2018 年的一份研究显示，过去数十年的时间里，人类的智商水平正在稳步下降。研究员在分析了 1962 年至 1991 年出生的挪威男性智商测试分数后发现，1975 年后出生的人群智商测试分数出现稳步下降。类似研究也显示，同样的情况也出现在丹麦、英国、法国等国家。人类智商水平趋势如图 7-2 所示。

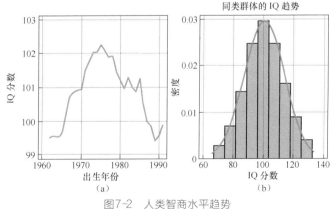

图7-2 人类智商水平趋势

虽然我们不愿意相信，但是很有可能的一个趋势就是——我们人类的思考能力在退化，我们也许真的在"变蠢"。现在连机器都已经会"深度学习"了，我们人类就更不能只满足于当个信息的"吃货"，而要学会对知识的"细嚼慢咽"，深度消化。

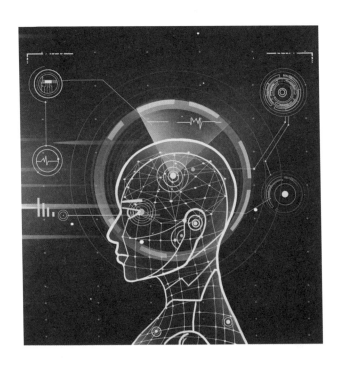

5
收费模式的变迁

　　现代通信在经历了电报和电话后，已经进入互联网时代，即将迈入物联网时代。不同时代的通信业态不同，典型的计费模式不尽相同。

　　电报是一种文字的通信方式，主要按字数计费。电报留给人们的印象主要有 3 点：快、贵、惊。电报比书信快多了，几乎可以实时到达。电报比书信贵多了，发一封电报在当时大概需要 1 元左右，而平信只需要 8 分钱。没有大事，个人是绝对不会发电报的，收到电报的人不是狂喜（例如"母子平安"）就是大悲（例如"母病速归"）。电报贵引发了一个意想不到的结果，就是密码学的发展，人们为了省钱发明了各种缩略代号。随着互联网的发展，电报几乎消失了，它的计费模式更无关紧要了。

　　电话是一种语音的通信方式，典型的早期计费方式是按时长加距离。语音通信比文字通信更自然，使用的门槛也更低，因此电话是人类历史上第一次将远程通信平民化了。随着互联网的发展，虽然现在电话还没有消失，但计费方式发生巨变，越来越向互联网的计费方式发展了。

互联网宽带是一种数据的通信方式，现在的典型计费方式是按流量，但早期主要是按时长计费的。早期互联网是通过电话接入的，也多为电信公司所提供，因此拨号上网很自然的是按时长计费的。互联网从拨号到宽带、从有线到无线，从一开始就没有引入按通信距离计费的概念。随着宽带的发展，按时长计费的模式几乎消失了。

从电报的按字数计费，到电话的按时长计费，再到互联网的按流量计费，上一代的通信计费模式往往不适用于下一代，但整体上从精细走向了粗放。形成这一历史轨迹的根本原因是通信成本大幅下降，让通信资源从稀缺走向了富足，因此计费方式也越来越泛化。

知识芯片

以《纽约时报》为例，早在 1999 年，《纽约时报》成立了数字部，专门策划数字内容，迎合线上读者的阅读习惯，数字部拥有独立的管理层和采编团队，负责报社旗下 40 余个网站的业务，这被视为《纽约时报》组建数字化团队的开端。及至互联网新技术层出不穷的 21 世纪，《纽约时报》紧跟潮流，成立了众多包含记者、工程师、设计师、数据专家、产品经理的数字化小组，提供契合互联网时代用户喜好的

数字产品与服务，以此吸引在线用户。例如，《纽约时报》付费墙的创建者之一大卫·博比奇组建了 Beta Group，Beta Group 曾开发出一系列全新的内容产品，包括个性推荐的"健身计划"、为用户精准推荐电影电视的垂直频道等。2018 年，《纽约时报》着眼于用户自我提升的深层次需求，推出了编辑、产品及营销团队协作出品的月度专题——"今年生活更美好"，每期专题涵盖一系列改善生活指南。此外，利用数字化技术，《纽约时报》还构建了新闻档案数据库，该数据库包含 160 多年来的 1400 多万篇文章，通过这一数据库，《纽约时报》将相关新闻的背景、事件追溯、前后关联报道等结合在一起，以专题的形式立体且详实地呈现出来，吸引读者关注。

TED，这个创办于 1984 年以"技术、娱乐、设计"为主题的论坛在过去很多年一直不温不火，甚至一度经营不下去而卖给了克里斯·安德森，之后，安德森在 2001 年的一个重要举动让 TED 论坛出现转机——将论坛的视频免费放到互联网上。从此 TED 论坛的演讲内容就在互联网上以惊人的速度传播开来，包括在中国等很多国家，TED 都积累了众多粉丝，如今的 TED 每年的大会门票已经高达 10000 美元还供不应求。

英国蒙提·派森飞行马戏团从成立之初就奉行收费模式，它的赚钱模式主要靠现场演出及表演 DVD 的销售，2008 年 11 月，它做了一个反常的决定，在 YouTube 上开通了一个免费频道，把它极其精彩的表演视频搬了上去。神奇的事情发生了，仅仅过去 3 个月，在免费视频巨大播放量的推动下，DVD 的销量上涨了 230 倍。数字音乐市场也有着同样的趋势，在版权制度严格的美国，Spotify 这种免费模式的崛起也在打破 iTunes 付费模式的"坚冰"。

每一次商业模式变迁的背后都有着深刻的技术、价值转移的背景,我们只有从更本质的层面理解这些进化和变迁,才能在不断变化的互联网大潮中找到自己的价值位置。

10 余年前下一代网络和 IP 多媒体子系统(Next Generation Network/IP Multimedia Subsystem,NGN/IMS)大热的时候,整个系统的主体计费方式设计是走精细化和按时长的路线,当时我深感这是一个过多保留了电话通信色彩的设计,至少在计费模式方面不够与时俱进。当时我公开评论 NGN 的计费方式:不能用计量黄金的方式来计量沙子。

云计算号称是按使用量来计费的,这是相对于传统 IT 的计费方式(按产品或版本)而言的,因为无论是按时长还是按流量,电话和互联网一直都是按使用量计费。因此,云计算的计费模式,从传统 IT 角度看是进步,但从传统通信角度看还是在走老路。

数据的计费模式大多还是按数量规模(例如多少 T)或使用量多少(次数等)计费。无论是电报、电话、互联网宽带还是云计算,其所提供服务的价值都与 IT 资源的消耗量成正比,因此它们是可以按资源使用量(时长、空间或流量等)来计费的。但数据的价值,不由数据量决定,也不由计算或传递数据所消耗的资源决定,现在对数据产品或服务的计费模式还较为原始，未来很可能会发生颠覆性变化。用多少比特衡量数据价值，就像用写了多少代码衡量程序员的工作量，用多重来衡量飞机的价格。

物联网是对通信的又一次延展，其计费方式主要有按流量、按时长和按使用方式等，可以称为混合计费模式。按通信计费的历史发展规律来看，物联网将来或许会按连接的数量来计费。

6

网络的初心

在一个网络中，单个节点的价值不是由其能力决定的，而是由其在网络中的位置决定的。一个节点在网络中的位置，决定了现在的势能，也决定了未来的高度。

在人类社会的网络中这样，在互联网中亦是如此。

反过来说，从个体来看，一个个体是否能够成功，往往需要弄明白自己想待在网络中的什么位置，然后才是发挥什么样的作用。

网络早已具备智能，只是分布不均。

反过来说，从整体来看，一个网络是否能够成功，往往取决于如何把最有能力的节点尽可能多地分布在最需要的位置。

下面看一看在一个网络中，大致都有什么样的关键位置。

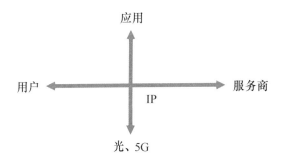

从水平方向看，信息是在用户手中的智能手机 /PC 中间的网络和另外一个服务商之间完成的。

从垂直方向看，信息是在具体的应用（例如微信）、中间的逻辑网络（IP、云、CDN）和下层的物理网络（例如光、无线）等之间完成的。

目前的大趋势是从水平方向来看，智能正在从用户手中，飘过中间的网络来到云端。从垂直方向来看，下层物理需要提供更大的带宽和连接密度，而上层需要更智能的网络应用。

越来越多的智能，正在向第一象限汇聚。

现在一些（物理）网络技术（点），其本职工作明明是提供更丰富的物理资源，却忘了"初心"，偏偏要去做智能性、灵活性、动态性和资源共享等，个人认为前景暗淡。

7

技术的分与合

AI 还没有"觉醒"，技术还是由人控制，技术也会像人类社会一样分分合合，而且是有规律的。

如果在一个新领域，技术割据明显，彼此"文化"差异巨大，短期内（例如 3～5 年）根本没有统一的可能性，那就表明这个领域还处于幼儿期，距离产业化还有很长的时间。对于一般企业或个人而言，如果这时进入，风险就会很大，你很可能会成为"先烈"而不是"先驱"。

一个新产业要做大做强，需要在已有技术的基础上不断创新，在新领域竞争和攫取更高的利润，但这依赖于底层基础设施技术尽量统一，因此基础类的技术相对统一，也就往往会率先发生，例如计算机领域的操作系统，多年后基本统一到 Linux 和 Windows。但在新兴的物联网市场，如果从 2008 年算热起来到现在有 10 多年了，但市面上还流行着多达 10 余种操作系统，这其实说明了物联网技术市场的"不成熟"或者碎片化。

一个新市场经过多年的竞争和割据，用户早已厌倦了不兼容和"战乱不断"，而企业间不断蚕食和兼并，这时找到了最佳技术路线的企业就获得了一统"技术江湖"的机会，获得了垄断市场的机会。在 2000—2007 年，手机上网方式多样，包括 WAP、黑莓和 i-Model 模式等，但没有一种方式能够获得用户和市场的广泛认可，直到 2007 年苹果公司成功"商鞅变法"，推出了 iPhone 和 App Store。

在人类社会中，任何事物做大了，都会因为各种原因走向"分裂"，并且多冠以"特点""优化""个性化"和"场景化"等名字，甚至包括已经做大了的互联网。"网络大势，分久必合，合久必分"，"三网融合"于互联网后，互联网自身开始走向"分裂"，被冠以消费互联网、产业互联网、价值互联网、信息互联网、下一代互联网、工业互联网等各种定语。

在一个领域，如果技术统一久了，垄断惯了，就会缺乏活力、创新和灵活性等，也会孕育出下一次技术革命。这时已经成长为成熟市场，成长为老技术的"老革命"，垄断地位开始动摇，各个新技术崛起，开始了新一轮的技术割据。

在恰当的时机"投机"技术市场，就更容易成为所谓的先驱。在技术走向统一时，积极拥抱最可能统一市场的技术；在技术走向碎片化时，积极发掘自己能够割据的地盘。

8
技术的名字

名字是自己的，但却是让别人来用的，因此起名一定要方便记忆和传播。即使是对技术，起个好名字也是至关重要的。

在音视频编码的国际标准领域，动态图像专家组（Moving Picture Experts Group，MPEG）和国际电联多年来一直秉承的原则是"联合制定，各自命名"。同样一个标准，按各自的命名规则：MPEG 会命令为 MPEG‑H Part 2，而国际电联则会命令为 H.265。如今，市场上流行的名字就几乎只剩 H.265 了，因为国际电联名字起得简洁，能让人记得住。

命名规则的不同，其实也能够体现出两个组织的文化和人员差异：MPEG 是学术界主导的，命名较严谨但欠缺对市场的考虑；国际电联是产业界主导的，更多考虑的是记忆相对容易的名字和对市场的影响。

近年来，国内流行用动物、植物或大白话当产品、公司或 Logo 的名称，而国外流行用地名或名人命名等，这些都是为了方便记忆和传播。

但经常也会看到一些国内机构、企业和学术论文等，在起名字的缩写时，只是把中文所对应的英文单词的首字母，简单排列在一起当作名字的缩写。于是经常就会遇到 5～8 个甚至更多大写字母并列的缩写，这成为一道风景线。

这些多个首字母简单并列的缩写，经常是难以记忆又不知如何发音的，记也记不住，念也念不出来，人们似乎早就忘了为什么要命名和要有英文缩写的初衷，当然更不可能实现高效传播的目的。

好名字不仅要望文就能生义，而且最好是用比喻和具有故事性，充满神秘感，能够勾起人们的好奇心，激发人们的想象力。

云计算就是一个非常出色的名字，用了大家都熟悉的云做比喻，人们不仅看一眼就能大致猜到是计算方面的，而且它是"像云那样的"。云带来了神秘和幻想，计算又很有科技感。

互联网、产业互联网、物联网、虚拟现实、工业互联网和5G 等，都属于不错的名字，只是少了点"艺术文化"气息。顺便提下，5G 的本意是"第五代"，可以是第五代战斗机、第五代编码和第五代导演等，但现在因为第五代移动通信太火了，5G 活生生被窄化到指代移动通信了。

还有一些技术的名字，值得探讨。前些年电信业命名的下一代网络 NGN，互联网业命名的下一代互联网 NGI，以及未来网络的说法。难道在网络业的"下一代"和"未来"之后，就再也没有"下一代"和"未来"吗？当然这种命名的流行，也反向说明，网络行业可能只是知道接下来必须要做些什么，提出了问题，但没有想清楚具体要做什么和如何做。

只提出问题不去寻找答案的命名，还有大数据，可以说它不是个技术名词。大数据表示我们目前面临的数据太"大"了，没说怎么办，更没有技术路线的"明示"。但经过 10 多年的努力，我们已经成功创造出了 Hadoop、Spark 等技术，能够驾驭大数据了，"大"的问题基本解决了，让大数据成为普通数据，而悖论在于现在大数据就不能再叫"大数据"了。接下来的 10 年，业内是否会出现"巨数据"或"超大数据"的说法，或者又回到统称为"数据"的时代？

还有"人工智能"，60 多年来业界一直在使用这个名字。是这个名字起得太好了呢？还是因为没有更恰当的名字了？还是因为"一直在努力，从未能实现"呢？

9
操作系统的换代

　　操作系统的概念源于计算机，主要用于管理和调度系统的资源（供给侧）和任务（需求侧），但现已扩展到手机、电视、汽车甚至各种社会系统的比喻中。

　　在20世纪50年代中期之前，计算机也是没有操作系统的，由手工方式调度任务和管理资源。程序员将任务输入计算机，通过控制台开关启动运行，计算完毕后打印机输出结果，用户取走结果后，下一个用户才能上机。

　　到20世纪50年代后期，手工管理任务的方式与越来越快的计算速度之间形成尖锐矛盾，导致计算机资源的利用率经常只有百分之几。解决办法就是摆脱手工操作，实现任务调度和管理自动化。

　　于是计算机操作系统诞生了，它是一种特殊的软件，享有很高的特权，能够控制和管理其他程序的运行，但最初也只提供简单的任务排序能力，后来不仅发展出排序之外的多种任务管理能力，还发展到对计算机硬件资源的管理和调度。

另外，计算机是在人的控制下工作的，因此操作系统要提供一个能够让人与计算机交互的操作界面（有时也叫人机接口）。可以把人机接口进一步细分为输入接口和和输出接口（通称 I/O）。在计算机的不同时代，人机界面经常是变化的，它可以是穿孔卡片和打印纸，可以是键盘、字符和屏幕，可以是鼠标、键盘和图形界面，也可以是多点触控的，或者智能语音的。

因为硬件和人机接口的巨大不同，历史上出现过许多不同的操作系统，最常用的有 DOS、Mac OS、Windows、Linux、Free BSD、Unix/Xenix、OS/2 等。

操作系统的更新换代，离不开硬件的巨大变化，但新进入者是否有机会，要看人机接口尤其是输入方式是否发生了革命性变化，因为操作系统的用户黏性非常强，使用习惯很难被改变。

- 卡片、纸带的人机接口时代，多个操作系统诞生。
- 键盘、屏幕的人机接口时代，出现了 DOS、UNIX 等操作系统。
- 鼠标、键盘和图形界面的人机接口时代，出现了 Windows 和 Mac OS 等。

• 多点触屏和智能手机（手持式计算机）的人机接口时代，出现了 iOS 和 Android 系统。

　　• AI 带来的智能语音的人机接口时代，还不知道赢家会是谁。

　　• IoT 虽然还必须有 I/O，但它已经不是人机接口，而是物机接口了。

10 "三网融合"到底了

　　30 年前，文字、图片、数据、语音和视频，它们在传递时是分开的。

　　传递文字走电报网，传递图片走传真网，传递数据走 X.25 和互联网等，传递语音走电话交换网，传递视频走广播电视网。电报和传真属于电信业，因此三大巨头是电信网、广电网和互联网。

　　那时，计算机化和数字化已经开始了。无论是文字、图片、数据、语音还是视频，都可以数字化，用计算机来处理，它们都可以是数字化数据。

　　第一次融合发生，一切都是数据，它们都可以用计算机来处理。

　　15 年前，电信网、广电网和互联网的"三网融合"是业界的热门话题，就像今天我们在说 5G、工业互联网和云计算那样。

"三网融合"是要将三网统一到一种技术路线上，即 IP。

IP 技术来自互联网，是互联网的基础。电信网希望引入 IP 技术但沿用电信的思维方式。广电网希望引入 IP 但沿用广电网的思维方式，二者都计划只引入技术而不引入其他。当年互联网还"小"，因此关于融合的讨论主要发生在电信行业和广电行业之间。

这是第二次融合，从内容层面向下深入网络层面，包括统一到 IP 和光纤等。如果细分就还有一个 2.5 代的融合，即发生在无线领域，三网的接入技术上都统一到 Wi-Fi 和 3G/4G。

15 年过去了，互联网成为"三网融合"的最大赢家。

在完成内容和网络层的融合后，融合继续"下沉"，现在到了"新基建"层面：计算机机房、通信局站和节目收发站等，它们都融合进新一代数据中心，即云数据中心或边缘数据中心。新一轮的融合，开始融合风火水电和建筑，要开始统一数字基础设施的"基础设施"了。

11 网络与个体

人类社会的千年进步史，就是把我们每一个人，从独立个体成功转型成社会网络节点的过程。在社会网络中，一个人的价值，更多取决于其在网络中的位置，而不是自身能力。就像 PC 本是可以独立工作的单机，但自从有了互联网，PC 的价值更多体现在是互联网上的一个节点。

当细胞学会向临近细胞发送信号时，小型多细胞动物就诞生了。当生物体发明了循环系统和神经系统来分别传递物质和通信时，大型动物就诞生了。人类大脑是由 800 亿～ 1000 亿个神经元节点相互连接和分工协作组成的。从人的角度来看是一个大脑，从神经元的角度看是一个组织。

社会日益复杂，个体能力有限，因此必须分工。分工不是为了分裂，而是为了协作。社会分工日益细致，就会要求协作日益紧密。从技术角度来看，高度协作就需要高度发达的网络做支撑。

将个体组织化，将组织个体化，依赖的都是先进的网络。

分工不是为了分裂，而是为了协作，这要依赖先进网络。更细致的分工是为了更复杂的协作，更复杂的协作会对网络的灵活性、实时性和带宽等提出更高的要求。协作的最高境界是对外模糊了个体和组织之间、不同组织之间的边界。

距离越远，异性越明显，合作价值越大。交通网络和通信网络是协作的基础性技术：新的原子传输技术提高了合作价值，新的比特传输技术让合作变得更容易。

网络一直扮演着模糊个体和组织边界的角色。15 年前，PC 互联网和电子邮件的普及，开始模糊工作和生活的边界。现在，随着移动互联网的普及，可以随时随地地模糊工作和生活的边界了。未来，随着物联网和 AI 等的普及，人和机器的边界也会更加模糊。

12
技术的焦虑

2020 年新冠肺炎疫情期间，澳大利亚等国家爆发了反对 5G 的大规模抗议活动，认为 5G 会传播病毒，辐射会带来记忆丧失、流产、肥胖、自闭症、注意力缺陷和哮喘等。另外，2020—2021 年，全球热议的还有 AI 的伦理准则、数据隐私保护和虚拟货币等。

5G 确实会传播病毒，不过不是新冠病毒，而是计算机病毒。

技术是把"双刃剑"，在提升生产力的同时，也会带来一些负面问题：一是直接的，拿技术做坏事；二是间接的，属于经济学上所谓的负外部效应，例如失业潮、贫富差距拉大和伦理道德等社会影响。

把技术直接用来干坏事，相对容易识别和监管。但技术带来的负外部效应，不仅需要很长时间才能发现，处理起来也会非常棘手。

之前人们之所以很少关心负面影响，是因为几百年来中国一直是工业技术的追随者，几十年来一直是 IT 技术的追随者，技术的负面影响已经暴露出来甚至得到了有效解决。直到最近这些年，中国慢慢从技术的追赶者，变成了技术的参与者甚至引领者。面对技术未知的未来，我们也焦虑、困惑。

当活字印刷术在欧洲诞生后，"卫道士们"开始担心书籍带来了异类思想，大众将不再思考，世界冲突将加剧。在铁路发展史上，刚发明时，很多西方人认为高速运行的铁路会让人体解体、器官变异和恶病缠身等。在电力发展初期，一直做煤油照明生意的洛克菲勒面临电灯的挑战，于是就诋毁用电照明的安全性。同时，做直流电照明的爱迪生，又诋毁特斯拉的交流电的安全性。

19 世纪 90 年代，铁路进入中国时，主要的反对理由是夺民生计，方便了外敌运兵和白银外流，尤其是破坏了当地风水。

20 世纪 80 年代，电视机开始在中国家庭普及。邻居们聚在一起聊天少了，参加各种户外活动少了，家长们担心，电视和录像机毁了"70 后"。

20 世纪 90 年代，PC 和宽带网络开始进入中国家庭。一些社会舆论认为"网瘾"比"毒瘾"可怕，"网吧"比"酒吧"负面。家长们担心，网吧和游戏毁了"80 后"。

21 世纪初，一些学者忧心忡忡地指出，互联网主要只能用于消费和娱乐，"低俗"文化扩散，"火星文"流行，匿名聊天会网友，网络安全事件频发。家长们担心互联网毁了"90后"。

2010 年，智能手机开始流行，3～70 岁的大部分人都成了"低头族"。对面不聊天，同桌不说话，全靠社交网络，"天涯若比邻"和"比邻若天涯"并存。家长们担心，移动互联网毁了"00 后"。

2020 年后，数字化转型持续推进，数字孪生开始实现。已经成为家长的"90 后"看着自己的孩子，戴个虚拟现实的头盔生活在"二次元"的世界里。家长们或许会感慨，还是 2020 年前好啊，至少物理世界和虚拟世界还是有明显差别的。

2050 年的世界，或许"奇点"已经到来，人工智能全面超越人类：机器人工作，机器人做家务，无人驾驶流行，看病靠 AI，食品靠 3D 打印和基因编程等。人类可能被大致划分为"原生的生物人""原生的机器人"和部分功能已经被机器接管的"混合人"。那时，各类家长们的内心可能会更绝望吧！

13

总是技术来背锅

无论是历史还是现在，每当金融、经济或社会出现重大问题时，人们往往都会指责都是科技惹的祸。

早在 2008 年，美国联邦储备系统时任主席艾伦·格林斯潘在美国众议院政府改革与监督委员会举行的听证会上作证时表示，输入风险管理系统的数据都是过去 20 年的数据，数据不充分是这次金融危机爆发的原因之一。2018 年 12 月，美国时任财政部长姆努钦明确指出股票市场的波动应归咎于高频交易和沃尔克规则的影响，是科技惹的祸。2019 年 12 月，《卫报》刊登的一篇文章认为，科技巨头将把我们拖入下一场金融崩溃中。

而我一直不理解，如果人类真的已经掌握了金融发展的基本规律，那全球性范围内千年来连绵不绝、频频爆发的金融危机，算不算也是金融的基本规律之一？金融危机频发，说明人类究竟是掌握了还是没有掌握金融发展的基本规律呢？

为什么总是技术来"背锅"？

新技术带来经济新繁荣。每轮经济大繁荣，本质上是在享受重大技术突破带来的红利。而当这项新技术的红利基本耗尽甚至减速，还没有下一波重大技术突破性"续命"时，经济发展就会相对停滞，繁荣盛宴的音乐结束，新一轮危机开始。新技术创造繁荣，但新技术会变成传统技术，也会造成经济发展停滞。

技术会拉大贫富差距。新技术会为全社会带来巨大的新红利，但新红利的分布非常不均匀，它会加深"技术鸿沟"，加大贫富差距。有些人会早享受到，有些人会晚享受到；有些人从平民崛起成为巨富，也有些人失业；有些行业或萎缩甚至消失，有些企业则快速崛起并垄断市场。最近 40 多年，全球性收入的差距拉大，不仅体现在不同家庭之间，还体现在不同城市之间，不同的地区之间，以及不同的国家之间。

风险治理滞后。面对重要的新技术，法律法规、监管和风险治理必然会是滞后的。如果不刻意加以人为干预，技术在拉大社会贫富差距的同时，也会增加社会管理风险，产生大量新的灰色地带，各个行业需要转型升级，重构生态链，也会有增加犯罪和失业等社会问题的风险。有些个人、组织、地区甚至国家，必然会被技术的浪潮所淘汰。

技术不会说话。技术还没有自我意识，不会替自己辩解，你不背锅谁背锅？但无论背多少锅，多重的锅，都不会影响到技术的情绪，技术会一如既往地向前发展，继续拉大贫富差距。

根据对美国家庭收入的统计，最近 40 年美国社会发展的财富红利，主要被顶端 1% 的富人占据，而 90% 家庭的收入增长是停滞的，这与数字技术的"赢家通吃"现象有关。数字技术产生的新工作岗位，需要更高的技能，受过良好的教育。数字技术靠创新驱动，是风险投资的最大"乐土"，资本所得超过劳动所得的现象，也就被大幅放大了（引自托马斯·皮凯蒂的《21 世纪资本论》）。从 20 世纪 70 年代开始，美国硕士学历的人薪水平均增长了 25%，高中及以下学历的人薪水平均降低了 30%。

技术更新换代的速度是指数级的，而人的知识的更新甚至连线性增长都做不到。统治这个世界的不是技术还是人，而有决策权和话语权的人，往往是那些掌握着传统技术的人，对新只技术一知半解的人。因此，问题这口锅只能由技术来背，但无论技术背了多少和多重的锅，问题还会在那里。

14
古老的现代企业管理制度

工业革命早期，工厂的规模不大，工人较少，产品单一，管理不是大问题。后来，工厂规模扩大，人员扩增，产品丰富了，对技术和管理都提出了新的挑战。

于是，从技术上引入了电力做动力，以流水线方式生产等。

在管理上以彼得·德鲁克和泰勒等人为代表，发明了现代企业管理制度。在一个大型企业中，生产效率和产品质量的问题，基本上都可以归结到工人和流程上。

所谓的现代企业管理制度，就是通过管理手段把人标准化，成为"人肉机器"，成为流水线的一部分，与机器一起"和谐"工作。在协同运转的现代工厂中，人和机器都是生产资料的一部分，是流程和管理系统的一部分。

工厂就像数据中心，工人就像服务器，而产品就像数据。

在信息革命早期，数据中心的规模不大，服务器较少，服务单一，管理不是大问题。后来，数据中心扩大，服务器增多，产品和服务丰富了，对技术和管理都提出了新的挑战。

于是，从技术上又引入了云计算、大数据、微模块、整机柜服务器、容器和微服务等。

技术变了，如果管理不随之改变，就会立即成为"背锅侠"。根据高德纳咨询公司的一项调查，企业源自技术或产品（包括软硬件、网络、电力及天灾等）的问题占 20%，但流程错误和人员疏忽的问题占 80%。企业通过引入数字企业管理制度，可以明显改善这个 80%。

与工业时代类似，在一个大型 IT 企业中，生产效率、产品和服务质量的问题，基本上都可以归结到流程和人员身上。

自动化运维、DevOps 和 AIOps 等协作理念，是数字企业适应新技术浪潮的需要，是数字企业管理制度的初期探索。

彼得·德鲁克和泰勒等人倡导的现代企业管理制度，是基于 100 多年前的信息技术条件，基于当时的市场环境，为大型工业企业设计的，以追求运营规范，让商业更有效率为核心目标，同时，也是以牺牲市场适应性和创新力为代价的，大型企业尤其严重。

而数字企业的核心竞争力是适应性和创新力，这些恰恰是被现代企业管理制度抛弃的。对于数字企业，谁贯彻现代企业管理制度越深入，谁就越容易被动挨打。

现代企业管理制度早已不现代化了，很多时候对数字企业更像是一副"毒药"。

后 记

在 50 余年的发展历程中，互联网正在第二次更换核心引擎。

互联网的第一代核心引擎是技术创新。自 1969 年阿帕网诞生以来，一直是工程师群体主导互联网发展方向，直到互联网商用后。

互联网第一次更换核心引擎是在 1990 年，从教育科研领域走向了商用领域，从以技术为核心引擎转向了以资本为核心引擎，互联网巨头和成功企业家取代杰出工程师成为互联网代言人。这一阶段，在资本和商业的驱动下，无论是互联网的用户规模、网络带宽还是应用类型都得到了飞速发展，日益融入经济社会发展的各领域、全过程，深刻改变了整个世界，改变了每个行业，也改变了人类自己。

技术从来就是一把"双刃剑"，互联网也不例外。近几年，互联网在极大提升社会生产率的同时，一些问题也逐步显现，例如泄露用户个人信息和滥用市场地位等，这些问题不仅损害了用户权益，抑制了整个互联网行业的创新发展，也对推动全社会各行业的数字化转型产生了不利的影响。

互联网改变了世界，世界需要改变互联网。

互联网已经发展成为全球最重要的数字基础设施，并且还在继续快速发展。因此，全球性的互联网舆论导向和政策，从最初的"呵护"转向"发展和治理并重"。这是历史上所有技术性产业发展到一定阶段和一定规模后的必然选择，互联网只不过是最新的一个案例而已。影响越大，责任越大。在发展中规范互联网，在规范中发展互联网。治理是为了更好的发展，这是互联网产业可持续和高质量发展的必由之路。

大约始于 2018 年，这是互联网第二次更换核心引擎，从资本为核心的驱动力转向社会性力量的驱动。前者只关心商业利益，而后者还要关注互联网发展带给全社会的"负外部性"。"负外部性"是经济学术语，是指一个人的行为或企业的行为影响了其他人或企业，使之支付了额外的成本费用，但后者又无法获得相应补偿的现象。

这个时代唯一不变的是变化，变化的背后一定是永恒，这是普遍规律，这也是我自 2018 年上半年以来，多次公开讲述的"互联网拐点论"背后的逻辑。正在更换新核心引擎的互联网，虽略显焦虑但仍活力四射，算力网络、智算中心、隐私计算、超级智能和元宇宙等新技术概念持续涌现，互联网、大数据、人工智能和实体经济正在深度融合，全社会数字化转型的大幕才刚刚开启。

互联网的未来依然是星辰大海。

中央政治局第三十四次集体学习指出，"把握数字经济发展趋势和规律，推动我国数字经济健康发展"。《风向 2》及之前的《风向》（2018 年）和《互联网的基因》（2016 年），我写这 3 本书都只是为了一个目的——研究和探索互联网技术发展变化背后的趋势和规律，探寻新风向，以更快更好地适应新变化，推动互联网和数字经济的健康发展。